上海市工程建设规范

降水工程技术标准

Technical standard for dewatering engineering

DG/TJ 08—2186—2023
J 13266—2024

主编单位：上海隧道工程有限公司
　　　　　上海广联环境岩土工程股份有限公司
　　　　　上海建科工程咨询有限公司
批准部门：上海市住房和城乡建设管理委员会
施行日期：2024 年 5 月 1 日

U0347468

同济大学出版社

2024　上海

图书在版编目(CIP)数据

降水工程技术标准 / 上海隧道工程有限公司,上海
广联环境岩土工程股份有限公司,上海建科工程咨询有限
公司主编. —上海:同济大学出版社,2024.6
    ISBN 978-7-5765-1111-6

    Ⅰ. ①降… Ⅱ. ①上… ②上… ③上… Ⅲ. ①降水-
工程施工-技术标准 Ⅳ. ①TU753.6-65

    中国国家版本馆 CIP 数据核字(2024)第 065593 号

降水工程技术标准

上海隧道工程有限公司
上海广联环境岩土工程股份有限公司   **主编**
上海建科工程咨询有限公司

责任编辑   朱　勇
责任校对   徐春莲
封面设计   陈益平

出版发行   同济大学出版社　　　www. tongjipress. com. cn
　　　　　　(地址:上海市四平路 1239 号　邮编:200092　电话:021－65985622)

经　　销   全国各地新华书店
印　　刷   浦江求真印务有限公司
开　　本   889mm×1194mm　1/32
印　　张   5
字　　数   125 000
版　　次   2024 年 6 月第 1 版
印　　次   2024 年 6 月第 1 次印刷
书　　号   ISBN 978-7-5765-1111-6
定　　价   55.00 元

上海市住房和城乡建设管理委员会文件

沪建标定〔2023〕571号

上海市住房和城乡建设管理委员会
关于批准《降水工程技术标准》为
上海市工程建设规范的通知

各有关单位：

由上海隧道工程有限公司、上海广联环境岩土工程股份有限公司、上海建科工程咨询有限公司主编的《降水工程技术标准》，经我委审核，现批准为上海市工程建设规范，统一编号为DG/TJ 08—2186—2023，自2024年5月1日起实施。原《软土地层降水工程施工作业规程》DG/TJ 08—2186—2015同时废止。

本标准由上海市住房和城乡建设管理委员会负责管理，上海隧道工程有限公司负责解释。

上海市住房和城乡建设管理委员会

2023年11月1日

前　言

根据上海市住房和城乡建设管理委员会《关于印发〈2021年上海市工程建设规范编制计划〉的通知》（沪建标定〔2020〕771号）的要求，标准编制组经过广泛调查研究，认真总结工程实践经验，参考国内外相关标准和规范，并在反复征求意见的基础上，完成了本标准的修订。

本次修订在《软土地层降水工程施工作业规程》DG/TJ 08—2186—2015和《深基坑工程降水与回灌一体化技术规程》DB31/T 1026—2017基础上，将标准名称改为《降水工程技术标准》，内容调整为降水工程的全过程。修订后的标准内容涵盖了降水工程全过程的主要关键节点。为强调验证试验和运行管控的重要性，对其独立成章进行技术规定。

本标准的主要内容有：总则；术语和符号；基本规定；降水设计；降水施工；验证试验；降水运行；工程验收；安全和应急处置；附录。

各章主要修订内容有：

1. 总则：技术范围从原标准的降水工程施工作业，调整为降水工程的设计、施工、运行与验收全过程。

2. 术语和符号：新增水文地质概念模型、工程水文地质勘察、围护与降水一体化设计、降水与回灌一体化设计、封闭型降水、悬挂型降水、敞开型降水、地面沉降控制区等术语；新增"符号"一节。

3. 基本规定：将原施工管理的基本规定调整为降水工程全过程的基本规定，包括降水工程流程、要点等基本规定。

4. 降水设计：新增内容，包括降水设计总原则、疏干降水设计、减压降水设计、地下水回灌设计、降水监测设计和降水环境影响分析等内容。

5. 降水施工:将原标准第4～7章内容进行了调整和简化。

6. 验证试验:为突出验证试验的重要性,将原标准中的节调整为章,新增验证试验内容与目的、试验要求、降水与回灌一体化调试和试验成果要求等。

7. 降水运行:新增施工监测内容,重点调整了地下水回灌和管井封堵相关规定,强调了减压降水的动态化管控。

8. 工程验收:新增管井施工验收、轻型井点施工验收、喷射井点施工验收、降水运行验收和管井封堵验收内容。

9. 安全和应急处置:新增降水施工安全、降水运行安全、降水风险控制和应急处置等内容。

10. 附录:新增附录A降水工程流程、附录B降水涌水量计算、附录C管井布设、附录D施工与运行记录表和附录E管井封堵。

各单位及相关人员在执行本标准过程中,请注意总结经验,并将意见和建议及时反馈给上海市住房和城乡建设管理委员会(地址:上海市大沽路100号;邮编200003;E-mail:shjsbzgl@163.com),上海隧道工程有限公司(地址:上海市宛平南路1099号;邮编:200032;E-mail:syfstec@163.com),上海市建筑建材业市场管理总站(地址:上海市小木桥路683号;邮编:200032;E-mail:shgcbz@163.com),以供今后修订时参考。

主 编 单 位:上海隧道工程有限公司

上海广联环境岩土工程股份有限公司

上海建科工程咨询有限公司

参 编 单 位:同济大学

上海申通地铁建设集团有限公司

上海市地质调查研究院

上海市隧道工程轨道交通设计研究院

华东建筑设计研究院有限公司

上海建工七建集团有限公司

上海公路桥梁(集团)有限公司

上海市基础工程集团有限公司

上海市机械施工集团有限公司

上海长凯岩土工程有限公司

上海申元岩土工程有限公司

上海渊丰地下工程技术有限公司

上海山南勘测设计有限公司

主 要 起 草 人:陆建生　潘伟强　施耀锋　周红波　王秀志
　　　　　　　朱雁飞　缪俊发　王建秀　崔永高　徐荣梅
　　　　　　　诸　颖　杨　奇　杨洪杰　刘洪波　吴　迪
　　　　　　　杨天亮　叶　蓉　胡　耘　刘笑天　兰　韡
　　　　　　　徐经纬　张英英　傅　莉　朱荣军　陶　利
　　　　　　　韩泽亮　丁德申　周蓉峰　梁志荣　殷立峰
　　　　　　　杜　策　邢　敏　黄鑫磊　李忠诚　郑　诚

主 要 审 查 人:周质炎　陈立生　高振锋　陈　晖　项培林
　　　　　　　陈昌祺　丁利红

上海市建筑建材业市场管理总站

目　次

Contents

1 总　则

1.0.1　为使本市降水工程的设计、施工、运行与验收符合安全可靠、技术先进、经济合理的原则，保障工程安全，满足水资源和工程环境保护要求，制定本标准。

1.0.2　本标准适用于本市新建、扩建、改建的建筑与市政工程建设期间降水工程设计、施工、运行与验收，其他降水工程也可参照执行。

1.0.3　降水工程除应符合本标准外，尚应符合国家、行业和本市现行有关标准的规定。

2 术语和符号

2.1 术 语

2.1.1 降水工程 dewatering engineering

采用抽水、排水、回灌等技术手段,按照工程不同阶段施工需要降低工程区土体含水量,控制地下水位,保障工程施工和周边环境安全的工程。

2.1.2 水文地质概念模型 conceptional hydrogeological model

将实际水文地质条件及边界性质概化成便于进行数学与物理模拟的基本模式。

2.1.3 工程水文地质勘察 hydrogeological investigation of engineering

采用水文地质调查、勘探、现场试验、室内试验等技术手段,以查明工程建设场地的水文地质条件、工程水文地质问题以及工程地下水控制对环境的影响等所进行的水文地质工作。

2.1.4 围护与降水一体化设计 integrated design for retaining structure and dewatering

为满足基坑内外水位控制要求而系统开展降水井设计、围护结构插入深度及其空间布局设计的一种地下水控制方法。

2.1.5 降水与回灌一体化设计 integrated design for dewatering and recharge

为综合控制基坑内水位和周边受保护建(构)筑物区域地下水位变化而系统开展降水与回灌的一种地下水控制方法。

2.1.6 截水帷幕 waterproof curtain

阻截或减少地下水从围护体侧壁或底部进入开挖施工作业

面的幕墙状截水体。

2.1.7 封闭型降水 closed dewatering

截水帷幕完全隔断降水目的含水层的降水类型。

2.1.8 悬挂型降水 suspended dewatering

截水帷幕部分进入降水目的含水层,且降水井滤水管底浅于截水帷幕底的降水类型。

2.1.9 敞开型降水 open dewatering

无截水帷幕,或截水帷幕未进入降水目的含水层,或截水帷幕部分进入降水目的含水层且降水井滤水管底深于截水帷幕底的降水类型。

2.1.10 集水明排 open pumping

用排水沟、集水井、泄水管、输水管等组成的排水系统将地表水、地下水排除的方法。

2.1.11 疏干降水 drainage

降低开挖土体含水量及含水层地下水位的抽排水措施。

2.1.12 减压降水 decompression of confined aquifer

降低承压含水层水头高度的抽排水措施。

2.1.13 地下水回灌 groundwater recharge

将符合水质要求的水引渗入含水层,补给地下水,抬升并稳定地下水位的工程措施。

2.1.14 管井 tube well

为抽取、监测或保护地下水,采用井管护壁且管外径大于100 mm 的地下竖向构筑物。

2.1.15 井点 well point

为抽取、监测或保护地下水,采用井管护壁且管外径不大于100 mm 的地下竖向构筑物。

2.1.16 降水井 dewatering well and wellpoint

用于抽取地下水的管井或井点。

2.1.17 疏干井　drain well

用于降低开挖土体含水量及含水层地下水位的管井或井点。

2.1.18 减压井　relief well

用于降低承压水水头和水位的管井或井点。

2.1.19 回灌井　recharge well

用于抬升含水层地下水位的管井或井点。

2.1.20 观测井　observation well

用于观测特定含水层地下水位的管井或井点。

2.1.21 轻型井点　light well point

利用真空负压抽吸地下水的井点。

2.1.22 喷射井点　jet well point

通过喷射泵将高速水流或高压空气经过井点外管输送至内管喷嘴处形成负压吸附地下水进入内管,与外管输入的高速水流或高压空气混合后排出管外,达到降低地下水位的井点。

2.1.23 验证试验　verifications by tests

通过现场试验检验成井质量、降水效果,确认或调整降水设计,开展降水运行工况联网调试,评估运行风险,判断截水帷幕截水效果的措施。

2.1.24 降水运行工况　operating mode of dewatering

根据不同施工阶段的水位控制要求,按照"按需降水、降水最小化"原则制定的降水运行方案和管理措施。

2.1.25 地面沉降控制区　land subsidence control area

根据地面沉降发育现状、影响因素及风险评估结果划定的地面沉降防治分区。

2.2　符　号

2.2.1　性能指标

d——降水引起的既有建(构)筑物基础或地面的固结沉降量;

E_{si}——第 i 层土的压缩模量;

h_0——初始水位埋深;

h'_0——无回灌状态下的地下水位埋深;

h_s——水平截水帷幕上含水层地下水位埋深;

h_w——承压水临界开挖深度;

H_s——承压水水头的安全埋深设计值;

H_{saf}——设计回灌压力水头;

k——土层渗透系数;

n——理论计算井数;

N——设计井数;

P——设计回灌压力;

P_s——承压含水层顶面至基底面之间的上覆土压力;

P_w——初始状态下(未减压降水时)承压水的顶托力;

q_c——单位涌水量;

q_h——单位回灌量;

q_w——单井设计流量;

Q——降水涌水量;

Q_p——单井设计最大可回灌量;

Q_z——地下水降水总排水量;

R——引用影响半径;

s——承压水水头的降深设计值;

s_i——计算点对应的地下水位降深值;

$\Delta\sigma'_{zi}$——降水引起的地面下第 i 土层中点处的有效应力增量;

γ_s——黏土球分隔层底至地面间各分隔层的平均加权重度;

γ_{si}——承压含水层顶面至基底面间各土层的天然重度;

γ_{sj}——承压含水层顶面至临界开挖面各土层的天然重度;

γ_w——水的重度;

μ——给水度;

μ^*——储水系数。

2.2.2 几何参数

A——工程疏干总面积或水平截水帷幕平面面积;

A_r——单井疏干有效影响面积;

B——条形工程宽度;

D——基坑开挖深度;

F——管井(井点)系统的围和面积;

H——高于承压含水层顶面的承压水头高度或潜水含水层厚度;

H_d——水平截水帷幕厚度;

h——工程动水位至含水层底板的距离;

$\bar{h}$——平均动水位;

h_i——承压含水层顶面至基底面间各分层土层的厚度;

h_j——基坑临界开挖面至承压含水层顶板之间第 j 层土层厚度;

h_k——地面至承压含水层顶板的厚度;

h_1——回灌水头标高与地面标高的差值;

h_2——黏土球分隔层底至地面间分隔层的厚度;

Δh_i——第 i 层土的厚度;

L——工程长度;

l——滤水管有效工作部分长度;

M——承压水含水层厚度;

r_0——等效大井半径;

α_0——计算点至初始地下水位的垂直距离。

2.2.3 计算系数

F_1——回灌设计安全系数;

F_s——抗承压水稳定性安全系数;

K_a——回灌井设计备用系数;

η——阻力系数比;

ψ_w——沉降计算经验系数。

3 基本规定

3.0.1 降水工程宜包括工程水文地质勘察、降水设计、降水施工和降水运行等工作内容,应符合本标准附录 A 的规定。

3.0.2 降水工程应符合下列要求:

   1 降水工程水文地质概念模型能反映拟建工程场地及周边水文地质条件。

   2 环境变形控制满足拟建工程场地周边环境及本市区域沉降保护要求。

   3 需控制降水诱发的环境变形时,宜采用围护与降水一体化设计。

   4 基坑工程基坑开挖前完成降水验证试验。

   5 降水运行满足按需降水和动态化管控要求。

   6 降水运行终止后,对管井进行封堵和拆除处理。

3.0.3 当已有水文地质资料不能满足降水工程设计和施工要求时,应进行工程水文地质勘察;工程水文地质勘察的工作流程、工作内容和成果要求应符合现行上海市工程建设规范《建设工程水文地质勘察标准》DG/TJ 08—2308 的相关规定。

3.0.4 降水工程设计时,应明确降水目的和技术方法,分析和评估降水对环境的影响,编制降水工程设计方案。

3.0.5 降水工程施工时,应结合工程施工工况、施工条件及施工风险,落实和深化降水工程设计,编制降水工程专项施工方案。

3.0.6 降水运行前,应完成验证试验,检验降水方案的合理性和降水效果,并应编制验证试验报告。

3.0.7 降水运行期间,应采用动态化管控方法,定期监测地下水位,分析水位变化与结构变形和环境变形的动态关系。减压降水运行管控宜采用自动化和信息化技术。

3.0.8 降水运行期间,应计量与统计抽排出的地下水水量,宜综合利用抽排出的地下水。

3.0.9 严禁降水工程污染地下水和地表水水质。

3.0.10 管井完井后的使用周期不宜超过 2 年,井点完井后的使用周期不宜超过半年。

4 降水设计

4.1 一般规定

4.1.1 降水工程设计前应搜集下列资料：

    1 岩土工程勘察成果及周边相关地质资料。

    2 工程水文地质勘察资料、周边工程降水资料及地下水保护相关要求。

    3 支护设计与地下结构设计资料。

    4 降水工程周边环境及区域沉降控制相关要求。

    5 周边现状建（构）筑物的地下结构资料。

4.1.2 降水工程设计可按照表4.1.2选择降水方法。降水工程设计应根据工程地质条件、水文地质条件、工程规模、工程环境等进行多方案对比分析后制订降水工程设计方案。

表 4.1.2　常用降水方法和适用范围

降水方法		适用范围		
	土层	渗透系数(cm/s)	降水深度(m)	地下水类型
集水明排	砂土、粉性土、黏性土	$1 \times 10^{-6} \sim 1 \times 10^{-4}$	$\leqslant 3$	地表水、潜水
一级轻型井点 二级轻型井点		$1 \times 10^{-7} \sim 1 \times 10^{-4}$	$\leqslant 6$ $6 \sim 9$	潜水
喷射井点		$1 \times 10^{-7} \sim 1 \times 10^{-4}$	$\leqslant 20$	潜水、承压水
管井	疏干	砂土、粉性土	$> 10^{-5}$ $> 10^{-6}$(加真空)	> 6	潜水、承压水
	减压		$> 10^{-4}$	根据含水层埋深及工况确定	承压水
	回灌				潜水、承压水

4.1.3 降水工程设计应包括水文地质条件分析、地下水控制风险分析、水位降深设计值计算、水位和降水涌水量预测、管井（井点）平面布置、管井（井点）结构设计、管井（井点）质量验收指标要求、降水对周边环境的影响评估和应急预案编制等内容。

4.1.4 围护与降水一体化设计应包括截水帷幕设计、管井（井点）平面布置、管井（井点）结构设计、地下水控制对周边环境的影响评估等内容。

4.1.5 坑外地下水位预测降幅超过水位降深允许值或降水引起的环境变形预测值超过环境变形允许指标时，宜在坑外采取地下水回灌措施。

4.1.6 坑内管井布置应符合下列规定：

    1 管井避开支撑、立柱桩、工程桩、地下障碍物和规划的地下工程。

    2 回筑阶段使用的管井，避开主体结构、桩、主梁、柱、结构墙和人防门等，不宜布置在后浇带区域。

    3 滤水管宜避开地基加固区域。

    4 搭设操作平台的管井宜靠近支撑布设，井位中心距离支撑边线宜为 0.5 m～2.0 m。

4.1.7 坑外管井布置应符合下列规定：

    1 井位避开管线和地下建（构）筑物，宜避开规划的地下工程。

    2 井位中心距离截水帷幕边缘不宜小于 2.0 m。

4.1.8 管井设计应符合下列规定：

    1 井结构以所在位置勘探孔为依据。

    2 井管材料与构造满足强度和刚度的要求。

    3 井管内径满足抽水设备安置与使用的要求。

4.1.9 降水工程设计时，应计算不同施工工况的降水涌水量及工程总排水量。

4.2 疏干降水

4.2.1 疏干降水设计应结合土层性质、工程规模、施工工艺等综合选用管井、轻型井点、喷射井点、集水明排等一种或多种降水方法。

4.2.2 疏干降水设计应符合下列规定:

    1 自由水位线降至施工面下 0.5 m~1.0 m。

    2 疏干排水量不宜低于疏干总排水计算量。

    3 疏干总排水量的计算符合本标准附录 B 的规定。

4.2.3 封闭型降水工程疏干井的数量应根据工程水文地质条件、疏干预降水时间等综合确定,疏干井设计数量可按下式计算:

$$N = 1.1 \frac{Q_z}{q_w t} \qquad (4.2.3-1)$$

式中:N——疏干井设计数量(口);

    Q_z——疏干含水层总排水量(m^3),计算应符合本标准附录 B 的规定;

    q_w——单井设计流量(m^3/d),可通过同类型含水层经验或抽水试验获得;

    t——预降水时间(d)。

    悬挂型或敞开型降水工程,疏干井设计数量可按下式计算:

$$N = 1.2 \frac{Q}{q_w} \qquad (4.2.3-2)$$

式中:Q——降水涌水量(m^3/d),计算应符合本标准附录 B 的规定。

4.2.4 封闭型降水工程,采用管井法疏干时,管井设计数量可按下式计算:

$$N = A/A_r \qquad (4.2.4)$$

式中:N——管井设计数量(口);

　　　A——疏干总面积(m^2);

　　　A_r——单井疏干有效影响面积(m^2),宜按 150 m^2~250 m^2 取值,预降水时间不宜低于 15 d。

4.2.5 开挖深度范围内分布有厚度大于 6.0 m 的砂土、粉性土时,疏干井降水设计应符合下列规定:

1 坑内水位观测井宜单独布设,数量不宜少于疏干井数量的 10% 且不宜少于 1 口。

2 基坑底位于粉性土及砂土中时,底板浇筑期间疏干井保留数量不少于 50%。

4.2.6 疏干井井底与其下伏承压含水层层顶间距不应小于 1.5 m。

4.2.7 采用管井疏干时,管井结构设计应符合下列规定:

1 井管材质宜采用钢质井管,井管内径不宜小于 200 mm,井深不宜浅于目标水位面下 5.0 m,井管底部宜设置 1.0 m~2.0 m 沉淀管,井管底口封闭。

2 井深不大于 15.0 m 时,壁厚不宜小于 3 mm;井深大于 15.0 m 且不大于 40.0 m 时,壁厚不宜小于 4 mm;井深大于 40.0 m 时,壁厚不宜小于 6 mm。

3 滤水管宜设置于渗透性较好地层中,滤水管孔隙率不宜小于 15%。

4 回筑阶段保留的疏干井,滤水管设置宜避开底板,滤水管不宜设置在底板上下 0.5 m 范围内。

5 设计孔径不宜小于 650 mm,滤水管部位孔径与滤水管外径的差值不宜小于 300 mm。

6 滤料平均粒径 D_{50} 宜为降水目的层平均粒径 d_{50} 的 6 倍~12 倍,滤料不均匀系数不宜大于 3。

7 采用加真空辅助降水的管井,滤料上方应用黏土封堵,封堵至地面的厚度不宜小于 2.0 m。

4.2.8 真空疏干降水井管内真空度不宜小于 65 kPa。

4.2.9 针对夹层水、地层界面水的疏干降水应做好集水明排、轻型井点等辅助降水预案。

4.2.10 基坑内的集水明排系统设置应符合下列规定：

1 开挖阶段根据基坑特点设置临时排水沟和集水井，临时排水沟和集水井随土方开挖过程适时调整。

2 留置时间较长的临时边坡，宜在坡顶、坡脚设置临时排水沟和集水井。

3 坑内开挖面的排水沟深度宜为 0.3 m～0.5 m，底宽不宜小于 0.3 m；沟底纵向坡度宜为 0.2％～0.4％。

4 集水井截面宜为 0.6 m×0.6 m～0.8 m×0.8 m，埋深大于相邻排水沟底面下的深度不小于 0.4 m，井底铺垫厚度为0.2 m～0.3 m 的砂石反滤层。

5 基坑采用多级放坡开挖时，宜在放坡平台上设置排水沟和集水井。

6 土方开挖至坑底后，宜在坑内设置排水沟、盲沟、集水井，排水沟、盲沟、集水井与坑边的距离不宜小于 0.5 m。

4.2.11 轻型井点的布设应符合下列规定：

1 井点管宜采用金属管或 U-PVC 管，井点管径宜为 38 mm～55 mm。

2 滤水管设计符合下列规定：

　1）滤水管管径宜与井点管径一致，滤水管长度不宜小于1.0 m；

　2）滤水管管壁上布置渗水孔，孔径宜为 10 mm～15 mm，渗水孔宜呈梅花形布置，孔隙率不小于 15％；

　3）滤水管下端设置沉淀管，沉淀管长度不宜小于 0.5 m；

　4）滤水管顶端宜低于坑底 1.5 m，多级轻型井点滤水管顶端宜低于坡底或坑底 1.5 m；

　5）滤水管管壁外宜设置 2 层滤水网，内层滤水网宜采用

40 目～60 目尼龙网或金属网,外层滤水网宜采用 10 目～20 目尼龙网或金属网,管壁与滤水网间采用金属丝绕成螺旋形隔开,间距不宜大于 200 mm。

3 设计孔径不宜小于 300 mm,孔深低于滤水管底 0.5 m。

4 滤料规格符合本标准第 4.2.7 条的规定。

5 滤料上方用黏土封堵,封堵至地面的厚度不小于 1.0 m。

6 井点管间距宜为 0.8 m～1.6 m,轻型井点管排距不宜大于 20.0 m。

7 每套轻型井点集水总管宜采用管径 89 mm～127 mm 的钢管,集水总管长度宜为 40.0 m～60.0 m。

8 井点管内真空度不小于 65 kPa。

9 在目标降水处设置水位观测井,水位观测井结构与井点管结构宜一致,宜按每 15 口～20 口井点管设置 1 口水位观测井。

4.2.12 喷射井点的布设应符合下列规定:

1 井点管宜采用金属管,外管直径宜为 75 mm～100 mm,内管直径宜为 50 mm～75 mm。

2 滤水管及沉淀管的设计符合本标准第 4.2.11 条的规定。

3 设计孔径不宜小于 350 mm,孔深低于滤水管底 1.0 m。

4 滤料规格符合本标准第 4.2.7 条的规定。

5 目的含水层为承压含水层时,滤料上方用黏土球封堵,封堵长度不小于 5.0 m。

6 每组喷射井点总管最大长度不宜超过 60.0 m,总管直径不宜小于 150 mm,井点管间距宜为 1.5 m～3.0 m,井点数不宜超过 30 口。

7 喷射井点管排距不宜大于 40.0 m,井点深度与井点管排距有关,宜为目标水位以下 3.0 m～5.0 m。

8 在目标降水处设置水位观测井,水位观测井结构与井点管结构宜一致,观测井数量宜为喷射井点数的 20%,且不少于 1 口。

4.3 减压降水

4.3.1 减压降水设计应符合下列规定：

1 基坑底部存在下伏承压含水层时，验算抗承压水稳定性。涉及多个承压含水层时，分层验算。验算结果不满足要求时，对承压含水层采取截水、减压措施。

2 根据拟建场地的水文地质条件和开挖深度，确定基坑内承压水水头的降深设计值、安全埋深设计值以及工程临界开挖深度值。

3 水文地质概念模型中的设计参数值宜选用原位水文地质试验得到的参数值，并通过降水验证试验校核和验证设计方案。

4 根据水文地质概念模型和降水运行工况，分析和预测减压降水引起的坑内外水位变化和环境变形。

5 减压降水引起的环境变形预测值满足环境变形控制要求；基坑 3 倍开挖深度外的地下水位降深值和地面沉降预测值满足现行上海市工程建设规范《地面沉降监测与防治技术标准》DG/TJ 08—2051 的要求。

4.3.2 基坑底部存在下伏承压含水层时，抗承压水稳定性应按下式验算：

$$\frac{P_{\mathrm{s}}}{P_{\mathrm{w}}} = \frac{\sum h_{\mathrm{i}} \times \gamma_{\mathrm{si}}}{H \times \gamma_{\mathrm{w}}} \geqslant F_{\mathrm{s}} \qquad (4.3.2)$$

式中：P_{s} ——承压含水层顶面至基底面之间的上覆土压力（kPa）；

P_{w} ——初始状态下承压水的顶托力（kPa）；

h_{i} ——承压含水层顶面至基底面间各分层土层的厚度（m），其和等于图 4.3.2 中的 $\sum h_{\mathrm{i}}$；

γ_{si} ——承压含水层顶面至基底面间各分层土层的天然重

度(kN/m^3);

H ——高于承压含水层顶面的承压水头高度(m),如图 4.3.2
所示;

γ_w ——水的重度(kN/m^3),工程上可取 10 kN/m^3;

F_s ——抗承压水稳定性安全系数,不应小于 1.05。

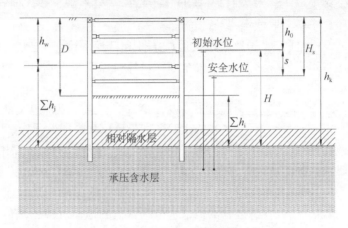

图 4.3.2 抗承压水稳定性验算示意图

4.3.3 承压水水头的降深设计值 s 应按下列公式计算:

1 当 $\sum h_i \geqslant 1.5$ m 时

$$s = H - \frac{\sum h_i \times \gamma_{si}}{F_s \times \gamma_w} \qquad (4.3.3-1)$$

2 当 $\sum h_i < 1.5$ m 时

$$s = D + 1 - h_0 \qquad (4.3.3-2)$$

式中:s——承压水水头的降深设计值(m);

h_0——初始水位埋深(m);

D——基坑开挖深度(m)。

承压水水头的安全埋深设计值 H_s 应按下式计算:

$$H_s = h_0 + s \qquad (4.3.3\text{-}3)$$

式中：H_s——承压水水头的安全埋深设计值（m）。

临界开挖深度值 h_w 应按下式计算：

$$F_s \times H \times \gamma_w = \sum (h_j \times \gamma_{sj}) \qquad (4.3.3\text{-}4)$$

$$h_w = h_k - \sum h_j$$

式中：γ_{sj}——承压含水层顶面至临界开挖面间各土层的天然重度（kN/m³）；

$\quad h_k$——地面至承压含水层顶板的厚度（m）；

$\quad h_j$——基坑临界开挖面至承压含水层顶板之间第 j 层土层厚度（m）；

$\quad h_w$——承压水临界开挖深度值（m）。

4.3.4 减压降水设计方案应根据开挖面积、开挖深度、截水帷幕深度与承压含水层的埋深关系、水位降深幅度、环境变形允许指标和承压水控制风险等确定；减压井布设宜符合本标准附录 C 的规定。

4.3.5 悬挂型减压降水设计应根据场地工程地质与水文地质条件、截水帷幕结构特征等，建立三维非稳定地下水渗流数学模型和数值模型，确定减压井井井结构及井群布设，分析、预测地下水渗流场内的水位降深和减压降水引起的环境影响；其他类型减压降水设计宜参照悬挂型减压降水设计执行。

4.3.6 敞开型减压降水设计可采用解析法，减压井设计数量可按下式计算：

$$N = \frac{Q}{q_w} \qquad (4.3.6)$$

式中：N——减压井设计数量（口）；

$\quad Q$——降水涌水量（m³/d），计算应符合本标准附录 B 的规定；

q_w——单井设计流量(m^3/d),可通过同类型含水层经验或抽水试验获得。

4.3.7 减压降水设计尚应满足下列要求:

1 当承压含水层被竖向截水帷幕与天然截水层隔断基坑内外水力联系时,减压管井单井有效管控面积不宜大于 800 m^2,狭长型基坑内减压管井的水平间距不宜超过 30.0 m。

2 当承压含水层被竖向截水帷幕与水平截水帷幕隔断基坑内外水力联系时,减压管井单井有效管控面积不宜大于 400 m^2,狭长型基坑内减压管井的水平间距不宜超过 20.0 m。

4.3.8 备用减压井和减压观测井的设计应符合下列规定:

1 减压降水承压含水层中宜分别布设减压井、备用减压井和减压观测井。

2 减压井的单井流量小于 15 m^3/h 时,备用减压井数量不宜少于减压井数量的 20%,且不少于 1 口;减压井的单井流量不小于 15 m^3/h 时,备用减压井数量不宜少于减压井数量的 30%,且不少于 1 口。

3 减压观测井不宜少于减压井数量的 20%,且不少于 1 口。减压观测井的滤水管长度不宜小于 2.0 m。

4.3.9 减压管井、备用减压管井、减压观测井结构设计应符合下列规定:

1 井管采用钢质井管,井管底部设置 1.0 m～3.0 m 沉淀管,井管底口封闭。

2 坑内管井井管壁厚、井管内径和设计孔径符合下列规定:

1)井深不小于 80.0 m 时,井管壁厚不宜小于 8 mm,井管内径不宜小于 300 mm,设计孔径不宜小于 800 mm;

2)井深大于 40.0 m 且小于 80.0 m 时,井管壁厚不宜小于 6 mm,井管内径不宜小于 250 mm,设计孔径不宜小于 650 mm;

3)井深小于 40.0 m 时,井管壁厚不宜小于 4 mm,井管内径不宜小于 250 mm,设计孔径不宜小于 650 mm。

3 滤水管布置于承压含水层中,滤水管长度根据工程经验或现场试验确定。

4 采用水平截水帷幕封底的基坑,坑内管井井底与水平封底顶面距离不宜小于 2.0 m。

5 滤水管孔隙率、滤水管部位孔径以及滤料规格符合本标准第 4.2.7 条的规定;滤料回填至滤水管以上 1.0 m~3.0 m。

6 根据地层特点设置止水封闭位置和选择止水封闭材料,黏土球止水封闭层的竖向厚度不宜小于 5.0 m。

4.3.10 采用喷射井点进行减压降水时,井点构造及布设应符合本标准第 4.2.12 条的规定。

4.4 地下水回灌

4.4.1 回灌设计时应明确地下水回灌目的和回灌类型。

4.4.2 地下水回灌设计应符合下列规定:

1 地下水回灌设计结合降水同步设计、分析和预测。

2 地下水回灌参数根据现场水文地质试验成果确定,并通过回灌验证试验予以校核。

3 地下水回灌方案包括回灌井与观测井设计、降水与回灌一体化设计、回灌运行设计、运行管路设计和水质处理设计等。

4 运行管路设计包括降水井至水质处理系统管路设计、水质处理系统至回灌井管路设计、水质处理系统的反冲管路设计和回灌井的回扬管路设计。

5 地下水回灌水质不劣于目的含水层水质。

6 回灌水源需做水质处理时,现场配置的水质处理器不宜少于 2 套;仅有 1 套时,配置 1 套与自来水管路系统相连的备用回灌管路。

7 回灌水源的水质处理器符合现行国家标准《室外排水设

计规范》GB 50014 的规定,明确经过处理后水的各项指标控制值和最大处理能力。

4.4.3 回灌井平面布设应考虑受保护建(构)筑物的位置、基础形式与结构类型,回灌目的含水层的性质和水位控制要求,截水帷幕和降水井的空间布设以及现场施工条件等因素,并应符合下列规定:

1 回灌井与降水井间距不宜小于 10.0 m。

2 回灌井与观测井间距不宜小于 6.0 m。

3 回灌井与受保护区域距离不宜小于 3.0 m。

4 回灌井与截水帷幕距离不宜小于 6.0 m。

4.4.4 回灌井间距应通过回灌试验和数值计算确定。初步设计阶段,回灌井间距宜为 10 m~20 m,且备用回灌管井不宜少于 30%。

4.4.5 回灌井结构设计应符合下列规定:

1 通过回灌试验或计算分析确定滤水管长度及埋设位置;井底部设置长度为 1.0 m~2.0 m 沉淀管,且井底封闭。

2 回灌井井管内径不宜小于 200 mm,设计孔径不宜小于 650 mm。

3 回灌井滤水管部位宜扩大孔径,滤水管孔隙率、滤水管部位孔径以及滤料规格符合本标准第 4.2.7 条的规定。

4 滤料回填至滤水管以上 1.0 m~3.0 m。

5 根据地层和回灌控制方式设置止水封闭位置和选择止水封闭材料。

4.4.6 回灌井的设计回灌压力可按下式计算:

$$P = 0.01 H_{saf} \qquad (4.4.6-1)$$

$$H_{saf} = \max(h_1) = \left(\frac{\gamma_s}{1.35 F_1 \gamma_w} - 1 \right) h_2 \qquad (4.4.6-2)$$

式中:P ——设计回灌压力(MPa);

H_{saf}——设计回灌压力水头(m),h_1的最大安全设计取值;

γ_s——黏土球分隔层底至地面间各分隔层的平均加权重度(kN/m³);

F_1——回灌设计安全系数,可取为1.0~1.2,渗透系数大时可取较小值;

γ_w——水的重度(kN/m³),取10 kN/m³;

h_1——回灌水头标高与地面标高的差值(m);

h_2——黏土球分隔层底至地面间分隔层的厚度(m)。

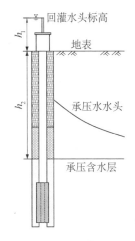

图 4.4.6 回灌井计算模型示意图

4.4.7 已知单位回灌量时,回灌井单井设计最大可回灌量可按公式(4.4.7-1)计算;已知单位涌水量时,回灌井单井设计最大可回灌量可按公式(4.4.7-2)计算。

$$Q_p = q_h(H_{saf} + h'_0) \qquad (4.4.7\text{-}1)$$

$$Q_p = \eta q_c(H_{saf} + h'_0) \qquad (4.4.7\text{-}2)$$

式中:Q_p——单井设计最大可回灌量(m³/d);

q_h——单位回灌量[m³/(d·m)];

h'_0——无回灌状态下的地下水位埋深值(m);

q_c——单位涌水量[$m^3/(d \cdot m)$];

η——阻力系数比,可取为 $1/3 \sim 1/2$,渗透系数大时可取较大值。

4.4.8 回灌井设计井数可按下式计算:

$$N = K_a n \qquad (4.4.8)$$

式中:N——回灌井设计数量(口);

n——回灌井理论计算数量(口),通过数值计算水位抬升接近目标值时所对应的回灌管井数量;

K_a——回灌井设计备用系数,K_a 值的选取应根据土层特征及施工工况确定,不宜小于 1.3。

4.4.9 降水井与回灌井初步设计完成后,应通过数值计算优化降水井、回灌井数量及位置,预测降水及回灌效果。

4.5 降水监测

4.5.1 降水工程监测项目应包括潜水水位观测和承压水水位观测。

4.5.2 降水工程监测范围应满足现行上海市工程建设规范《基坑工程施工监测规程》DG/TJ 08—2001 和《地面沉降监测与防治技术标准》DG/TJ 08—2051 的要求。

4.5.3 坑外应分层布设潜水和承压水水位观测井。同一含水层中观测井间距宜为 20 m~50 m,每侧边观测井不应少于 1 口,水文地质条件复杂处应适当加密。

4.5.4 当承压含水层被竖向截水帷幕与水平截水帷幕隔断基坑内外水力联系时,水平截水帷幕底下部含水层应设置坑外水位观测井,观测井间距不宜大于 50.0 m。

4.5.5 采取减压降水方法时,在环境变形保护区承压水位观测井不宜少于 1 口。当基坑截水帷幕未能隔断降水目的含水层,且减压降水可能产生较大水位降深和地面沉降时,在基坑边线以外 3 倍开挖深度范围处,承压水水位观测井不应少于 1 口。

4.5.6 回灌井与降水井间及保护对象附近应布设观测井。

4.5.7 观测井滤水管长度不宜小于 2.0 m,管内径不宜小于 70 mm,滤水管部位孔径不宜小于 2 倍滤水管内径;承压水观测井井壁外侧应采用黏土球设置止水封闭层,黏土球竖向厚度不宜小于 5.0 m;观测井需兼作其他类型井使用时,观测井应同步满足其他类型井构造要求。

4.5.8 环境保护等级为一级的降水工程,相邻含水层水位与目的含水层水位同步变化时,应在相邻含水层中布设观测井。

4.6 环境分析

4.6.1 环境分析中应分析地面沉降控制区和保护建(构)筑物因降水引起的变形情况以及降水各阶段地下水的抽排量;根据现行上海市工程建设规范《基坑工程技术标准》DG/TJ 08—61 中基坑工程环境保护等级划分标准,环境保护等级为一级、二级的非封闭型降水工程应绘制预测地面沉降的云图。

4.6.2 降水引起的地面沉降预测量可按下式计算:

$$d = \psi_{\mathrm{w}} \sum_{i=1}^{n} \frac{\Delta\sigma_{zi}' \Delta h_i}{E_{si}} \tag{4.6.2}$$

式中:d——降水引起的既有建(构)筑物基础或地面的固结沉降预测量(m);

ψ_{w}——沉降计算经验系数;

$\Delta\sigma_{zi}'$——降水引起的地面下第 i 土层中点处的有效应力增量(kPa),对黏性土,应取降水结束时土的固结度下的有效应力增量;

Δh_i ——第 i 层土的厚度（m）；

E_{si} ——第 i 层土的压缩模量（kPa），应取土的自重应力至自
重应力与有效应力增量之和的压力段的压缩模量值。

4.6.3 基坑外土中各点降水引起的有效应力增量宜按地下水非
稳定渗流计算。有效应力增量也可根据计算的地下水位降深，按
下列公式计算：

    1 计算点位于初始地下水位以上时

$$\Delta\sigma'_{zi} = 0 \qquad\qquad (4.6.3\text{-}1)$$

    2 计算点位于降水水位与初始地下水位之间时

$$\Delta\sigma'_{zi} = \gamma_w \alpha_0 \qquad\qquad (4.6.3\text{-}2)$$

    3 计算点位于降水水位以下时

$$\Delta\sigma'_{zi} = \gamma_w s_i \qquad\qquad (4.6.3\text{-}3)$$

式中：s_i ——计算点对应的地下水位降深（m）；

    α_0 ——计算点至初始地下水位的垂直距离（m）。

4.6.4 沉降计算经验系数可通过工程水文地质勘察获得，也可
借鉴临近区域相似地层的工程经验。

4.6.5 降水各阶段地下水抽排量的计算应符合本标准附录 B 的
规定。

5 降水施工

5.1 一般规定

5.1.1 降水工程施工前应搜集下列资料：

1 岩土工程勘察成果及周边相关地质资料。

2 工程水文地质勘察成果、周边工程降水资料及地下水保护相关要求。

3 支护设计与地下结构设计资料。

4 降水工程周边环境及区域沉降控制相关要求。

5 周边现状建(构)筑物的地下结构资料。

6 工程施工方案及降水工程设计方案。

7 场地"三通一平"条件、排水条件和排污条件。

8 场地内的上部架空线缆、地下管网及地下障碍物情况。

5.1.2 降水工程专项施工方案应包括工程概况、工程环境、施工要求、技术方法、工程布置、施工组织、设备材料、管井(井点)与排水设施、验证试验、施工顺序、地下水污染控制、管井(井点)封堵、工期安排、工程措施、质量检测、安全保护措施以及应急预案等内容。

5.1.3 降水施工作业应符合下列规定：

1 施工作业场区场地平整度和承载力满足降水施工相关设备的安全作业要求。

2 现场道路的宽度和承载力满足降水施工作业相关设备场内运输的要求。

3 现场供水、供电能力满足施工作业用水、用电要求。

4 施工作业场区内无影响施工作业的安全隐患或其他障碍

物,无其他干扰作业工序。

    5 针对施工作业影响范围内的保护性管线和建(构)筑物,采取监测、防护或避让措施。

5.1.4 钻进施工工艺应根据工程特点、工程地质与水文地质条件、设计要求及试成孔情况选用,试成孔数量不宜少于2口。

5.1.5 钻进和成井期间,孔径、孔深、垂直度、滤料回填高度和止水封堵高度应进行旁站验收且满足设计要求。

5.1.6 降水工程施工作业应严格执行职业健康、安全和环境保护的有关规定,泥浆宜干化后外运,抽排出的地下水应进行有组织处理和排放。

5.2 管 井

5.2.1 管井施工应按照"施工准备→测量放样→开孔→设备就位→钻进成孔→井滤管安装→滤料回填→止水回填→洗井→试抽水"的作业流程进行。

5.2.2 钻进方法及钻具应根据场地地质条件、设计要求、设备及施工条件等因素确定;钻进方法可选用正循环或反循环回转钻进。

5.2.3 钻进成孔施工应符合下列规定:

    1 同一作业面不应同时安排钻进成孔与加固作业。

    2 钻进成孔作业与加固作业距离不小于50.0 m。

    3 加固区域的钻进成孔施工宜于加固施工完成7 d后进行。

5.2.4 钻进过程中,注入孔内的泥浆应保持性能稳定,宜每隔4 h测量一次泥浆的性能指标,泥浆比重宜为1.10~1.15。

5.2.5 钻进施工应连续作业,钻进完毕至成井完毕间隔时间不宜大于24 h。

5.2.6 管井成井施工应实施全过程旁站监督和记录,宜按本标准附录D.0.1执行。

5.2.7 测放井位及标高应符合下列规定：

1 放样前复核测量基准线、基准点，施工过程中加强基准线、基准点的保护。

2 测量放样后进行井位标识，标识物清晰、牢固、不易破坏。

3 放样完成后进行放样复核，放样井位与设计井位的偏差小于 20 mm。

4 清除井位处存在的地下障碍物；地下障碍物不易清除或受其他条件影响无法施工时，在符合设计要求的前提下，可调整井位。

5.2.8 开孔及护筒埋设应符合下列规定：

1 开孔孔径不小于设计孔径，开孔进入原状土深度不宜少于 200 mm。

2 在松散地层、距离地下建（构）筑物不超过 3.0 m、临近临空面或河床等情况成孔时，井口埋设护筒。

3 护筒内径宜大于设计孔径 200 mm。

4 护筒底口进入原状土层深度不小于 500 mm，护筒外用黏性土回填密实。

5 严格控制护筒的平面位置和垂直度，护筒中心与孔位中心偏差不大于 20 mm，护筒安装完成后保持管口平整，顶端宜高出地面 0.2 m～0.3 m。

6 护筒埋设完成后，测量护筒顶端标高。

5.2.9 钻机就位应符合下列规定：

1 钻机就位前，对场地布置、主要配套设备的就位及水电供应等各项准备工作进行检查。

2 钻机就位时保证钻机顶部的起吊中心、转盘或钻头中心、井孔中心在同一铅垂线上，偏差不大于 5 mm。

3 钻机底座平稳、牢固。

5.2.10 正循环成孔操作应符合下列规定：

1 根据钻孔直径、地质条件和深度确定钻头形式和钻进参数。

2 宜一径钻进成孔。

3 成孔时,护筒内灌满泥浆后开机钻进。

4 加接钻杆时,先将钻具提离孔底 0.2 m～0.3 m,待泥浆循环 3 min～5 min 后,再拧卸接头加接钻杆。

5 接好钻杆,每回次开钻前先将钻具提离孔底,开泵循环泥浆,待孔口泥浆流畅后慢速回转钻进。

6 松散地层中钻进时,控制冲孔时间和提、下钻速度,提钻中或提钻后向孔内灌满泥浆。

7 钻进至设计深度后,利用成孔钻机自带循环系统清孔;清孔后泥浆比重不大于 1.08;清孔时间根据孔径和孔深确定,且不少于 30 min。

8 清孔后孔底沉渣厚度小于 200 mm,返出的泥浆内不含泥块。

5.2.11 反循环回转钻进应符合下列规定:

1 在黏性土、粉性土、较松散的砂土层中宜使用刮刀钻头。

2 开孔阶段,宜采用正循环钻进成孔。

3 根据钻进情况,控制和调整钻进参数;根据孔径大小和地层情况控制调整砂石泵排量,钻杆内泥浆上泛速度宜为 2.5 m/s～3.5 m/s,钻杆外环状间隙泥浆流速不宜超过 0.15 m/s。

4 孔内泥浆面高出地下水位 2.0 m 以上。

5 根据反循环排渣情况及返浆量大小确定钻进速度。

6 钻孔作业连续进行,因故停钻时将钻具提离孔底。

7 反循环钻进至设计深度后,利用成孔钻机自带循环系统清孔,清孔要求符合本标准第 5.2.10 条的规定。

5.2.12 泵吸反循环钻进应符合下列规定:

1 砂石泵工作时的有效真空度不宜低于 80 kPa,可选用泥浆泵注浆启动或真空泵抽吸真空启动。

2 砂石泵宜安装于地面,排量满足泥浆在钻杆内上泛速度的要求。

3 泵吸反循环所用钻杆内径与砂石泵内径一致,并与土层粒径相适应。

4 泵吸反循环钻头翼片均匀布置,底面上的切削具呈梳齿状交错排列;钻头吸渣口圆滑,其直径小于钻杆内径,距钻头底面宜为 0.2 m～0.3 m。

5.2.13 气举反循环钻进应符合下列规定:

1 开启气举反循环时,孔深符合沉没比大于 0.6 的要求。

2 压缩空气的供气可选用并列式或同心式风管形式。

3 气水混合室的安置位置随孔深增加而下降,根据风压大小和孔深的关系确定混合室间距。

4 根据气水混合室的最大埋深、孔内泥浆比重及管路压力损失,确定空气压缩机的空气压力。

5 正循环转换气举反循环时,将钻头提离孔底,提离距离宜为 2.0 m～3.0 m。

6 气举反循环钻进时,监测空气压力表的变化。

5.2.14 管井的井管安装应符合下列规定:

1 滤水管根据滤水管类型配置垫筋、纱网等辅助材料。

2 滤水管上、下两端各设置 1 套扶正器,扶正器直径小于孔径 50 mm;滤水管长度超过 12.0 m 时,滤水管中部宜加设 1 套扶正器。

3 下管前,测量孔深,检查泥浆性能指标及孔深沉渣厚度。

4 钢质井管焊接宜采用套管接头,套管接箍长度不小于 20 mm,上、下井管各插入管箍长度不小于 10 mm;套管接箍与井管应焊接焊牢、焊缝均匀、无砂眼,焊缝堆高不小于 6 mm,井管焊接时不损坏滤网。

5 安放井管时,井管居中垂直孔口中心。

6 井管安放到位后,顶部宜高出自然地面 0.3 m～0.5 m。

5.2.15 滤料回填应符合下列规定:

1 井管安装后,滤料及时回填,滤料材质、粒径级配符合设计要求。

2 回填过程中全程量测滤料填入高度,记录回填量。

3 滤料顶面标高与设计标高误差不宜大于 200 mm。

4 滤料回填完毕后,回填静置时间不宜小于 15 min。

5.2.16 止水封闭层回填应符合下列规定:

1 回填土以黏性土为主,不得采用混有块石、建筑废料等其他杂质的土体。

2 黏土球沿井孔均匀填入,回填过程中计量回填量并测量回填高度,黏土球最终回填量不小于设计量,回填高度不小于设计高度。

3 黏土球回填完毕后,回填静置时间不小于 30 min。

4 减压管井、观测管井和回灌管井,在黏土球回填完成后回填回填土,回填土密实回填至孔口。

5 减压管井、观测管井和回灌管井井壁外需注浆时,实施注浆时间与单井试抽水完毕的时间间隔不少于 3 d。

6 减压管井、观测管井和回灌管井井壁外需灌注细石混凝土时,细石混凝土灌注高度不小于设计高度。

5.2.17 洗井应符合下列要求:

1 疏干管井可采用空气压缩机洗井。

2 减压管井和回灌管井采用活塞与空气压缩机交替洗井。

3 井壁泥皮不易排除时,可采用化学洗井与其他洗井方法联合进行。

5.2.18 活塞法洗井应符合下列要求:

1 活塞洗井与止水回填时间间隔不宜大于 12 h。

2 活塞胶皮初始外径大于井管内径 5 mm,胶皮磨损至小于井管内径时立即更换。

3 活塞下放平稳,活塞提升均匀,提升速度宜为 0.6 m/s~1.0 m/s。

4 洗井过程中活塞不宜在井管内停留,严禁活塞进入沉淀管内。

5 减压管井活塞洗井时间不宜少于 4 h,活塞行程不宜少于 40 次;回灌管井活塞洗井时间不宜少于 6 h,活塞行程不宜少于 60 次。

5.2.19 空气压缩机洗井应符合下列规定:

1 在井管内下入风管自下而上逐段洗井。

2 根据设计单井流量和井深等确定空气压缩机容量。

3 根据井管直径和出水量确定空气压缩机洗井的安装形式。

4 风管的沉没比大于 0.5,出水管的埋设深度宜大于风管深度 5.0 m。

5 空气压缩机洗井宜采用振荡法洗井。

6 空气压缩机洗井时间不小于 2 h,最终洗至出水清澈为止。

7 空气压缩机洗井后测量井内沉淀物高度,最终管内沉淀物高度不大于井深的 5‰。

5.2.20 洗井效果应符合下列规定:

1 井水中不含有泥浆等成孔施工物质。

2 出水量接近设计要求或单井流量基本稳定。

3 连续洗井过程中,抽排水含砂量趋于稳定,含砂量体积比小于 1/20 000。

5.3 轻型井点

5.3.1 轻型井点施工作业流程应符合本标准第 5.2.1 条的规定。

5.3.2 轻型井点的成孔可采用水冲成孔法或钻机成孔法。

5.3.3 轻型井点施工的测量放样、开孔、设备就位以及采用钻机成孔的施工操作要求应符合本标准第 5.2 节的有关规定。

5.3.4 采用水冲成孔工艺应符合下列规定：

1 水冲成孔前可根据降水要求，在施工部位开挖一条土槽，在土槽内进行轻型井点施工，土槽宽度宜为 1.0 m，深度宜为 0.5 m~1.0 m。

2 水冲成孔采用清水冲孔，砂性土中冲孔水压不小于 0.4 MPa，黏性土中冲孔水压不小于 0.6 MPa。

3 水冲成孔至设计井点深度后，降低冲孔水压，再冲深 0.5 m~1.0 m。

4 冲孔至底，持续注水 5 min 后拔出冲孔管，居中沉设井点管，回填滤料。

5.3.5 井点管沉设与滤料回填过程应连续，中途不得停止。

5.3.6 滤料回填完成后应采用黏性土进行回填封堵。

5.3.7 全部井点管与集水总管连接完毕并检查合格后，应进行试抽水。

5.3.8 试抽水过程应检查真空负压、管路密封性能、孔口封填效果，各泵组运行管路系统的真空负压不应小于 65 kPa。

5.4 喷射井点

5.4.1 喷射井点施工作业流程应符合本标准第 5.2.1 条的规定。

5.4.2 喷射井点施工的测量放样、开孔、设备就位及成孔施工操作要求应符合本标准第 5.2 节的有关规定。

5.4.3 喷射井点管应按照设计结构进行拼装；喷嘴位置不应高于喷射井点滤水管底端 6.0 m。

5.4.4 钻孔完成并清孔后，应将拼装好的喷射井点管居中置入孔中，逐段连续回填滤料；滤料回填密实后，应用黏土球或黏性土封孔至孔口。

5.4.5 单管单泵的喷射井点，应将井点进水口与喷射泵直接连接;多根成套的喷射井点,应将井点进水口与总管连接,再将总管与喷射泵连接;多套井点呈环圈布置时,各套井点之间宜用阀门隔开,每套井点应自成系统。

5.4.6 喷射泵的工作水压力应根据最大扬程、扬程与工作水压力的比值系数确定,不宜小于 0.75 MPa。

5.4.7 喷射井点设备安装完毕并检验合格后,应进行试抽、洗井;洗井应洗至喷射井点出水清澈为止。

6 验证试验

6.1 一般规定

6.1.1 降水涉及承压含水层时,降水运行前应完成验证试验。验证试验应包括单井抽水验证试验和最终抽水验证试验,宜包括中期抽水验证试验;涉及回灌时,宜包括中期回灌验证试验和最终抽水与回灌一体化验证试验。

6.1.2 验证试验应完成下列工作内容:

    1 洗井达到要求后,通过单井抽水验证试验检验成井质量。

    2 管井验收合格后,通过静水位动态观测确定静止水位及静水位的日变化幅度。

    3 通过中期抽水验证试验确定单井涌水量,确认或调整降水设计,检验实际降水效果与设计要求的偏差。

    4 通过最终抽水验证试验分析和评估截水帷幕截水性,确认观测井水位满足不同工况下的设计要求。

    5 地下水回灌时,通过中期回灌验证试验确定单井回灌量、检验回灌效果、确认或调整回灌设计;通过最终抽水与回灌一体化验证试验确认坑内外观测井水位满足不同工况下的设计要求,确认降水与回灌一体化运行系统的可靠性。

    6 验证试验期间同步监测围护及周边环境变形。

6.1.3 验证试验宜采用自动化监测方法测量、记录水位和流量。

6.1.4 基坑工程正式开挖前,应完成验证试验,且验证试验成果满足降水设计要求。

6.2 试验要求

6.2.1 单井抽水验证试验应符合下列规定：

1 抽水泵额定流量不宜小于单井设计流量的 25%。

2 试验停抽前，连续 2 h 内的非自然水位波动值不大于 40 mm/h，流量波动值不大于 5%。

3 流量和动水位监测频率不低于 1 次/h。

4 出水稳定后，观测水色，测量出水含砂量。

6.2.2 静水位动态观测应符合下列规定：

1 地下水位稳定后静水位动态观测周期不宜小于 5 d。

2 疏干观测井水位监测频率不低于 2 次/d，承压水观测井水位监测频率不低于 6 次/d，其他管井水位监测频率不低于 1 次/d。

6.2.3 减压管井、喷射井点施工完成 3 口及以上时，宜进行中期抽水验证试验，校核降水设计参数、确认或调整设计方案；轻型井点完成 1 套后，宜进行中期抽水验证试验，校核降水设计参数、确认或调整设计方案。

6.2.4 中期抽水验证试验时，抽水泵额定流量不应小于单井设计流量的 50%，下泵深度不宜小于 2/3 井深。

6.2.5 最终抽水验证试验应结合降水运行工况实施，观测井水位应达到相应工况水位控制要求。

6.2.6 回灌井施工完成 3 口及以上时，应进行中期回灌验证试验，结合抽水验证试验成果，确认或调整设计方案。

6.2.7 回灌验证试验应符合下列规定：

1 单井回灌试验时间不宜小于 1 d，群井回灌试验时间不宜小于 3 d。

2 采用自然回灌时，回灌初始启动宜于回灌井完井 3 d 后实施；采用加压回灌时，回灌初始启动宜于回灌井完井 15 d 后实施。

3 记录单井回灌量和观测井水位。

4 加压回灌采用分级定流量加压,观测回灌井四周土体渗水状况,记录加压回灌各项参数。

6.2.8 验证试验应明确单井涌水量或单井回灌量是否符合设计要求;不符合设计要求时,应分析引起偏差的原因,提出相应的处理措施。

6.2.9 验证试验的运行与监测应符合下列规定:

1 防止外排地下水回渗到含水层中。

2 同一组试验中,水位测量采用同一方法和工具,测量精度达到厘米级。

3 采用堰箱或孔板流量计测流量时,测量精度达到毫米级;采用容积法测流量时,量桶充满水所需时间不宜少于 15 s,测量精度达到 0.1 s;采用水表测流量时,符合现行国家标准《饮用冷水水表和热水水表》GB/T 778 的规定。

4 抽水井井内水位宜在抽水开始后的第 5、10、15、25、30 min,以后每隔 30 min 或 60 min 测量 1 次;回灌井井内压力或水位宜在回灌开始后的第 5、10、15、25、30 min,以后每隔 30 min 或 60 min 测量 1 次。

5 观测井水位测量宜在抽水/回灌开始后的第 5、10、15、20、25、30、40、50、60、80、100、120 min,以后每隔 30 min 或 60 min 测量 1 次。

6 停止抽水/回灌后,测量抽水井与观测井的恢复水位,测量时间宜在停抽后的第 1、2、3、4、6、8、10、15、20、25、30、40、50、60、80、100、120 min 测量 1 次,以后每隔 60 min 测量 1 次。

7 抽水和回灌流量宜每隔 60 min 测量 1 次。

8 试验的稳定标准符合下列规定:

  1)在抽水稳定延续期内,抽水井井内水位在有限范围内波动,无持续上升或下降的趋势;

  2)观测井内的水位在连续 2 h 内的非自然波动值不大于

20 mm/h。

9 自然水位日变幅超过 0.5 m 时,抽水持续时间不小于 48 h。

6.2.10 最终抽水与回灌一体化验证试验中,应进行降水与回灌一体化运行调试,确定不同施工工况下的降水与回灌运行控制要求与控制计划,调试应符合下列规定:

1 调试前通过抽水验证试验和回灌验证试验校正水文地质数值模型,模拟预测各施工工况下的降水与回灌运行工况。

2 运行调试宜包括抽水设备的选择调试、管路尺寸的合理性调试、水质处理设备处理能力调试、各监测设备的完备性检验、降水与回灌协同性调试等。

3 运行调试期间,根据按需降水要求调整不同工况下抽水井的抽水量大小,根据水位抬升要求调整不同工况下回灌井的回灌量大小。

4 运行管路进行管路规格和流量匹配性调试,主要调试管路宜包括抽水井至水质处理系统管路、水质处理系统至回灌井管路、水质处理系统的反冲管路和回灌井的回扬管路等。

5 采用水质处理设备时,对水质处理能力和水质处理效果进行调试。

6 备用设备开展相同等级的调试运行。

7 调试期间记录水位、流量、回灌量、回灌压力及其他异常情况。

6.3 试验成果

6.3.1 在现场试验中获得的各项实测资料,应及时进行编录、检查和验收。

6.3.2 对搜集的资料应进行检验,并应对其可靠性作出评价;引用的资料应说明其来源。

6.3.3 原始资料的整理应符合下列要求：

1 统一编号，分类整编。

2 在综合分析的基础上，进行统计、计算、整理和编绘各种图表。

6.3.4 试验资料分析应符合下列要求：

1 编制各类试验成果图表。

2 以现场试验成果为依据，进行计算、分析和评价。

6.3.5 验证试验完成后，应编制工程降水验证试验报告，明确降水验证结果是否符合设计要求；结合工程施工流程，通过验证试验应编制降水运行工况表或降水回灌运行工况表。

7 降水运行

7.1 一般规定

7.1.1 降水运行前,应根据验证试验成果进行降水运行技术交底。

7.1.2 降水运行前,工程周围应设置排水管道或明沟、集水井、沉淀池等地表排水设施,应做好地表排水设施的防渗处理。应测量和记录管井(井点)井口标高及初始水位。

7.1.3 开挖施工时,不能或不便割除的坑内管井应搭设操作平台,操作平台安全通道的两侧应设置安全防护栏、安全防护网。

7.1.4 疏干井、减压井和回灌井应根据验证试验成果配置相应的抽水设备、加压设备和辅助设备,同时现场应配备相应数量的备用物资;应定期对抽水设备进行检查、维修、保养和登记,确保物资有效。

7.1.5 抽水系统的使用有效期应符合主体结构的施工要求,降水运行终止应符合下列规定:

1 减压井根据主体结构施工期的抗浮要求确定停止抽水的时间。

2 底板位于砂土、粉性土层时,降水井根据主体结构施工期的抗浮要求确定停止抽水的时间。

3 底板位于黏性土层时,疏干井可结合结构泄水孔的布设确定停止抽水的时间和封堵时间。

7.1.6 减压降水运行应做好现场巡视检查工作和监测工作,降水用电线路、排水管路及相关设备应做好保护并安排专人 24 h 巡视。

7.1.7 降水运行采用动态化管控时,动态化管控系统应具备信息采集、整理、决策和响应的功能。

7.2 运行准备

7.2.1 工程场地内应设置专门的排水系统;排水系统应具备三级沉淀条件,其最大排水能力不应小于工程降排水最大外排量的1.5倍。

7.2.2 雨季降排水的工程,其场地内排水系统的排水能力应满足降雨与工程降排水的叠加需求。

7.2.3 用电线路、排水管路宜设定固定的安全路线,穿越施工便道时应做隐蔽保护。

7.2.4 抽排水时应定期清理和维护现场排水系统,及时修复排水渗漏点。

7.2.5 降水运行时应配备独立的供电系统,降水用电组织应符合"三级配电,两级保护"的安全用电要求。

7.2.6 需连续降水的工程,现场应配备两路及以上供电的独立电源,并保证独立电源间能随时切换。

7.2.7 采用发电机作为备用电源时,备用电源的设置应符合下列规定:

    1 发电机具备自动切换和自动启动功能。

    2 发电机总供电额定功率大于1.25倍的降水运行最大用电功率。

7.3 疏干降水

7.3.1 疏干降水时应进行预降水,应根据设计要求、现场施工条件、水文地质条件、工程周边环境条件及变形监测结果等动态调整预降水工期;地下水位和疏干排水量应满足设计要求。

7.3.2 疏干降水运行日常记录应包括开启管井（井点）的数量、水位、日出水量和累计出水量汇总等内容，宜按本标准附录 D.0.2 执行。

7.3.3 针对深厚粉性土、砂土含水层的疏干井宜搭设操作平台。

7.3.4 真空降水管井应配置密封井盖与真空表，开挖前井内真空度不应小于 65 kPa。

7.3.5 轻型井点泵组运行管路系统的真空负压不应小于 65 kPa；运行过程中应比较各泵组出水量，对于出水量异常的泵组应逐点进行漏气检查和修复。

7.3.6 喷射井点降水运行过程中应比较各泵组出水量，对于出水量异常的泵组应逐点进行工作水压力、漏气检查和修复。

7.4 减压降水

7.4.1 减压降水运行时应按减压设计要求和降水运行工况表控制水位；宜采用自动化监测设备实时监测水位。

7.4.2 减压降水前应组织减压降水应急处置演练，包括断电应急演练、备用井启动演练、换泵应急处置演练等；减压期间，断电应急演练不应小于 1 次/月。

7.4.3 减压降水运行日常记录应包括基坑开挖深度、开启管井的数量、减压井流量、观测井水位及安全水位等，宜按本标准附录 D.0.2 条执行。

7.4.4 对悬挂型和敞开型减压降水工程，减压降水动态化管控应符合下列规定：

1 在降水运行前，宜配置具有地下水位自动化监测、水位异常自动报警、用电异常自动报警、备用电源自动切换智能控制以及备用管井运行自动控制等功能的相关设备，降水运行过程中定期检测其有效性。

2 地下水位自动化监测设备具备水位自动采集、存储、查询和绘制水位过程曲线的功能,采集频率不低于 12 次/h,水位采集精度达到厘米级。

3 水位异常报警、用电异常或断电报警反应时间不大于 10 s,报警内容包括现场的声、光警示以及室内的信息显示。

4 备用电源智能控制设备断电后能实现备用电源的自动启动与切换、抽水泵自动延时启动等功能。

5 根据水位数据实现备用井抽水设备的自动开、关切换。

7.5 地下水回灌

7.5.1 地下水回灌宜与抽水同步启动,应按设计要求和降水回灌运行工况表的规定执行;当地下结构抗承压水稳定满足设计要求时,可停止抽水和回灌;当因降水引起的环境变形仍在持续时,可延长回灌时间至环境变形趋于稳定。

7.5.2 水质处理器水处理能力降低超过 20%或出水水质不达标时,应对其进行维护。

7.5.3 现场配置多个水质处理器时,应错开各处理器的维护时间。

7.5.4 地下水回灌时宜采用定流量方式进行运行控制。

7.5.5 回灌井回扬操作应符合下列规定:

1 采用定流量回灌,回灌压力增加值超过初始回灌压力 20%时,启动回扬操作。

2 采用定压力回灌,单井回灌量低于初始回灌量的 80%时,启动回扬操作。

3 回灌井内回扬设备的配置和单井抽水量相匹配。

4 回灌井回扬间隔时间不宜少于 20 min,回扬时间不宜大于 15 min;当抽出的地下水达到水清时,可停止回扬。

5 错开回灌井回扬时间,且回扬时开启相邻备用回灌井。

7.5.6 回灌运行日常记录应包括工程区观测井水位、出水量、受保护建(构)筑物区域观测井水位、回灌量、回灌压力及其他异常情况,宜按本标准附录 D.0.2 条执行。

7.6 管井封堵

7.6.1 管井封堵应分步实施,并对封堵质量进行验收。

7.6.2 降水工程结束后应将管井全部封闭,并应将封井资料归档。

7.6.3 保留在基坑底板中的管井,封堵前应符合下列规定:

1 在底板浇筑前将穿越底板段的滤水管或软管更换为不透水的钢管;不具备更换条件时,井管外侧紧套一段钢管;钢管长度不小于底板厚度。

2 根据井管侧壁冒水风险及底板厚度,在处于底板中的钢管外壁设置 1 道~2 道止水钢板,宜按本标准附录 E.0.1 条执行,钢板外圈直径不宜小于井管直径 200 mm,止水钢板厚度与钢管壁厚相同,焊缝等级为二级。

3 设置 1 道止水钢板时,根据底板的厚度,止水钢板设置在距离垫层顶 1/3~1/2 板厚的位置;设置 2 道止水钢板时,根据底板的厚度,止水钢板分别设置在距离底板垫层顶 1/3 和 2/3 板厚的位置。

7.6.4 底板浇筑前拔除的管井(井点),井孔可采用黏性土压密封填。

7.6.5 疏干井封闭在底板垫层面以下时,管井封堵可按本标准附录 E.0.2 条执行,其操作流程及要点应符合下列规定:

1 封井前,井口割至基坑底板垫层底面位置。

2 黏性土充填密实或混凝土灌注密实前,降低井管内水位。

3 回填黏性土或灌入混凝土至井口,在浇筑底板垫层时将井口隐蔽在垫层面以下。

7.6.6 减压井封闭在底板垫层面以下时,管井封堵可按本标准

附录 E.0.3 条执行,其操作流程及要点应符合下列规定:

1 封井前,井口宜割至基坑底板垫层底面位置。

2 黏性土充填密实或混凝土灌注密实前,宜降低井管内水位。

3 回填黏性土或灌入混凝土至井口并捣实,采用钢板与井管井口焊接、封闭,在浇筑底板垫层时将井口隐蔽在垫层面以下。

7.6.7 保留在基坑底板中的疏干井,封堵可按本标准附录 E.0.4 条执行,其操作流程及要点应符合下列规定:

1 降低井管内水位。

2 混凝土宜灌至底板垫层底面下 1.0 m。

3 24 h 后,抽出井管内余水,二次灌注混凝土至底板顶面。

4 二次灌注混凝土终凝后,割除剩余井管,井口低至基坑底板顶面以下 10 mm～20 mm。

5 凿除井管内 100 mm 厚的混凝土,并在管内焊烧 1 道内止水钢板;内止水钢板厚度与钢管壁厚相同。

6 井管口内封填细石混凝土,细石混凝土内铺 1 层钢丝网片,混凝土抹平至底板顶面。

7.6.8 保留在基坑底板中的坑内减压井封堵宜根据单井涌水量选用不同的封堵方法,应符合下列规定:

1 单井涌水量不大于 6 m³/h 时,可选用混凝土法封堵。

2 单井涌水量大于 6 m³/h 且小于 50 m³/h 时,可选用注浆法封堵。

3 单井涌水量不小于 50 m³/h 时,可选用导管灌注细石混凝土法封堵。

7.6.9 减压井混凝土封堵法宜按本标准附录 E.0.5 条执行,其操作流程及要点应符合下列规定:

1 浇灌混凝土宜至滤水管顶部以上 2.0 m～3.0 m。

2 混凝土终凝后观察井内渗水情况。

3 二次浇灌混凝土宜灌至距离基坑底板顶面以下 100 mm 位置。

4 混凝土强度达50%后,抽出井管内余水,并观察井管内渗水情况。

5 割除剩余井管,井口低至基坑底板顶面以下 10 mm～20 mm。

6 井管内混凝土凿除厚度不宜少于 100 mm,并在井管内焊烧1道～2道内止水钢板,内止水钢板厚度与钢管壁厚相同。

7 采用细石混凝土封填井口,混凝土内铺1层钢丝网片,混凝土抹平至底板顶面。

7.6.10 减压井注浆封堵法宜按本标准附录 E.0.6 条执行,其操作流程及要点应符合下列规定:

1 水泥浆水灰比宜为0.8～1.0,浆量宜为回填细石子量的1.5倍～2倍。

2 注浆管居中下入井管内,注浆管底端进入滤水管底部;注浆管安放到位后在井管口固定管位。

3 细石子回填高度宜至滤水管顶5.0 m以上,且不高于底板底。

4 注浆时注浆压力不宜小于 0.4 MPa;每注浆 0.5 m～1.0 m 高度的浆量后将注浆管上提相同高度,注浆至细石子顶面后拔除注浆管。

5 水泥浆终凝后,抽出井管内余水,灌入混凝土至底板顶面位置。

6 割除剩余井管,井口低至基坑底板顶面以下 10 mm～20 mm。

7 井管内混凝土凿除不宜小于 200 mm,井管内焊止水钢板,再次灌入 100 mm 厚混凝土,待凝固后再焊1道止水钢板;内止水钢板厚度与钢管壁厚相同。

8 采用细石混凝土封填井口,混凝土内铺1层钢丝网片,混凝土抹平至底板顶面。

7.6.11 减压井导管灌注细石混凝土封堵宜按本标准附录 E.0.7 条

执行,其操作流程及要点应符合下列规定:

    1 灌注导管居中下入井管内,下入至井底以上距离宜为 3.0 m~5.0 m。

    2 灌注细石混凝土时,宜每灌入 6.0 m 将导管上提 6.0 m,再灌入细石混凝土,直至井内灌入混凝土至底板底以下 0.5 m。

    3 水泥浆终凝后,抽出井管内余水,灌入混凝土至底板顶面位置。

    4 割除剩余井管,井口低至基坑底板顶面以下 10 mm~20 mm。

    5 井管内细石混凝土凿除不宜小于 200 mm,在井管内焊止水钢板,再次灌入约 100 mm 厚混凝土,待凝固后再焊 1 道止水钢板;内止水钢板厚度与钢管壁厚相同。

    6 采用细石混凝土封填井口,混凝土内应铺 1 层钢丝网片,混凝土抹平至底板顶面。

7.6.12 处于未来规划地下空间内的坑外管井,封堵可按本标准附录 E.0.8 条执行,其操作流程及要点应符合下列规定:

    1 黏土球宜回填至滤水管顶部以上 2.0 m~3.0 m。

    2 静止 3 d 及以上后,灌注混凝土至路面以下 100 mm。

    3 井管内焊 1 道止水钢板,厚度不小于 4 mm。

    4 采用水泥砂浆抹平井口。

7.6.13 不在未来规划地下空间内的坑外管井,封堵可按本标准附录 E.0.9 条执行,其操作流程及要点应符合下列规定:

    1 黏土球宜回填至滤水管顶部以上 2.0 m~3.0 m。

    2 静止 3 d 及以上后,回填黏性土至路面以下 100 mm。

    3 井管内焊 1 道止水钢板,厚度不小于 4 mm。

    4 采用水泥砂浆抹平井口。

7.7 施工监测

7.7.1 降水工程应对地下水控制效果及环境影响进行监测分

析,降水施工监测项目应符合表 7.7.1 的规定。

表 7.7.1 降水工程监测项目

监测内容	降水	回灌	阶段
地下水位	应测		成井后至封井阶段
出水量	应测		验证试验阶段、疏干预降水阶段、正式降水阶段
含砂量	应测		验证试验阶段、正式降水阶段
真空度	应测		验证试验阶段、正式降水阶段
地下水水质	宜测	应测	验证试验阶段、回灌阶段
回灌水量		应测	验证试验阶段、回灌阶段
回灌压力	—	应测	验证试验阶段、回灌阶段
回灌水质		应测	验证试验阶段、回灌阶段

7.7.2 工程环境监测应符合下列规定：

1 工程环境监测的项目和要求符合现行上海市工程建设规范《基坑工程施工监测规程》DG/TJ 08—2001 的规定。

2 疏干预降水期间,同步监测周围建(构)筑物变形、地表沉降和围护结构位移等。

3 降水运行前,对降水影响范围内的建(构)筑物、管线、地表等布置监测点,并观测初始数据,测量次数不少于 2 次,正式降水阶段监测频率不少于 1 次/d。

7.7.3 降水施工监测应符合下列规定：

1 降水期间对降水井、回灌井配置流量计并进行流量监测;加真空降水井在井口安装真空表并进行真空度监测;加压回灌井在井口安装压力表并进行压力监测。

2 降水期间定期监测抽排水的含砂量,含砂量超标时,应及时实施补救措施,制定应急预案。

3 水位监测采用人工监测时,降水与回灌稳定阶段日常监测频率不低于 1 次/d,降水与回灌非稳定阶段日常监测频率不低于 3 次/d。

4 流量监测采用人工监测时,降水井流量监测频率不低于 1 次/d,回灌井流量监测频率不低于 2 次/d。

5 回灌水样控制指标单因子分析频率不宜低于 1 次/周,回灌水样全分析频率不宜低于 1 次/月。

7.7.4 实施自动化监测的监测系统,应配备独立于自动化监测仪器的人工测量设备。

7.7.5 降水运行阶段应进行现场巡视检查,巡视检查应符合下列规定:

1 巡查内容包括地表与周边建(构)筑物、道路的裂缝及异常渗漏点、降水效果、设备运转、排水等。

2 固定专人、定期进行巡视检查,并结合仪器监测数据进行综合分析。

3 减压降水运行期间,巡视检查频率不低于 1 次/4 h,开挖最后一层土至底板浇筑完毕期间,每天巡视检查频率不低于 1 次/2 h。

7.7.6 降水工程运行稳定后,监测过程中出现下列情况之一时应立即进行预警,并应加密监测频率:

1 坑内地下水位达到设计预警值。

2 坑外地下水位达到设计预警值。

3 抽排水含砂量超过规定要求。

4 降水井出水量、动水位出现明显异常变化。

5 建(构)筑物、道路、地下管线等工程环境发生较大沉降、倾斜、裂缝,达到设计预警值。

6 截水帷幕工程渗漏较严重或水位突变。

7 截水帷幕或围护结构变形超过预警值。

8 根据工程经验判断,出现其他需进行预警的情况。

8 工程验收

8.1 一般规定

8.1.1 降水工程的验收应包括施工质量验收、运行控制验收和封堵验收。

8.1.2 每批进场材料应进行质量抽检,抽检数量应满足设计及有关规范的要求。

8.1.3 施工设备进场后应经检验合格后使用。

8.1.4 降水工程管井(井点)施工质量验收应符合下列规定:

　　1 管井(井点)的平面位置符合设计要求。

　　2 成孔直径、深度、垂直度的偏差符合设计要求。

　　3 管井(井点)深度、垂直度的偏差符合设计要求,井内沉淀厚度不大于成井深度的5‰。

　　4 洗井效果满足设计要求。

　　5 单井流量符合设计要求。

8.1.5 降水工程运行控制实施前验收应符合下列规定:

　　1 完成承压水降水验证试验,出具验证试验报告。

　　2 完成降水井与排水总管安装调试。

　　3 供电线路和配电箱的布设满足降水运行要求,并配备必要的备用电源、抽水设备和相关设备。

　　4 排水系统最大排水能力不小于工程所需最大排水量的1.5倍。

　　5 对安装的各类辅助系统完成相关调试。

　　6 完成降水与回灌一体化运行调试。

8.1.6 降水工程降水停止抽水和封井实施前验收应符合下列

规定：

    1 出具降水运行验算说明书。

    2 出具封井措施和步骤。

    3 封堵材料和设备符合设计要求。

8.1.7 降水工程完工验收资料应包括下列内容：

    1 经审批的专项设计方案、专项施工方案、验证试验报告以及执行中的变更单。

    2 测量放线成果。

    3 原材料质量合格和质量鉴定书。

    4 施工记录。

    5 监测、巡视检查记录。

    6 降水工程的运行维护记录。

    7 降水工程封井验收记录。

    8 其他需提供的文件和记录。

8.2 管 井

8.2.1 管井质量控制及验收应符合表 8.2.1 的规定。

表 8.2.1　管井质量控制及验收标准

序号	特殊过程	检查项目	允许偏差或允许值	质量检测	
				检查数量	检测方法
1	成孔	成孔孔径偏差	−20 mm～100 mm	全数	测量钻头直径
2		成孔垂直度	≤1/100	≥20%的减压井	测斜仪测量
3		终孔深度偏差	±200 mm	全数	测绳测量
4		终孔泥浆比重	1.05～1.10	全数	泥浆比重计量测
5	井管加工安装	钢质井管加工质量	钢管无砂眼	全数	目测

续表8.2.1

序号	特殊过程	检查项目	允许偏差或允许值		质量检测	
					检查数量	检测方法
6	井管加工安装	滤水管孔隙率	符合设计要求		全数	等面积换算
7		钢质井管壁厚	符合设计要求		全数	卡尺测量
8		钢质井管焊接	焊缝完整连续,无咬肉、无空缺、无气孔		全数	目测
9		井管沉设深度	疏干井:±200 mm		全数	测绳测量
			减压井、回灌井:±150 mm		全数	
10	滤料回填	滤料规格	符合设计要求		全数	筛分法
11		围填高度偏差	±200 mm		全数	测绳量测
12	止水回填	回填土质	黏土球或黏土		全数	搓条法
13		灌注混凝土高度偏差	0～1 000 mm			测绳量测
14		黏土球回填	回填量≥设计量,且回填标高≥设计标高			测绳量测
15	活塞洗井	减压井	时间	≥4 h		计时
			次数	≥40		计数
16		回灌井	时间	≥6 h	全数	计时
			次数	≥60		计数
17		出水	清澈,不含泥沙			目测
18	试抽水	出水量	不小于设计值		全数	水表计量
19		含砂量（体积比）	≤1/20 000		≥20%的减压井	含砂量计量测
20		井内沉淀厚度	不大于成井深度的5‰		全数	测绳量测

8.3 轻型井点

8.3.1 轻型井点施工质量控制及验收应符合表 8.3.1 的规定。

表 8.3.1 轻型井点施工质量控制及验收标准

序号	检查项目	允许偏差或允许值	质量检测	
			检查数量	检测方法
1	成孔孔径	不小于设计值	全数	测量钻头直径
2	成孔深度偏差	−200 mm～1 000 mm	全数	测绳量测
3	滤料回填高度偏差	±200 mm	全数	测绳量测
4	滤料规格	符合设计要求	全数	筛分法
5	黏土封孔高度	≥1 000 mm	全数	测绳量测
6	管路真空度	≥65 kPa	全数	真空表量测
7	有效井点数	≥90%	全数	人工测试
8	出水量	不小于设计值	全数	流量表量测

8.4 喷射井点

8.4.1 喷射井点施工质量控制及验收应符合表 8.4.1 的规定。

表 8.4.1 喷射井点施工质量控制及验收标准

序号	检查项目	允许偏差或允许值	质量检测	
			检查数量	检测方法
1	成孔孔径	不小于设计值	全数	测量钻头直径
2	成孔深度偏差	±200 mm	全数	测绳量测
3	垂直度	≤1/100	全数	吊线垂量测

序号	检查项目	允许偏差或允许值	质量检测	
			检查数量	检测方法
4	滤料回填高度偏差	±200 mm	全数	测绳量测
5	滤料规格	符合设计要求	全数	筛分法
6	黏土球回填高度	符合设计要求	全数	测绳量测
7	黏土封孔高度	≥1 000 mm	全数	测绳量测
8	工作水压力	≥0.75 MPa	全数	压力量测
9	有效井点数	≥90%	全数	人工测试
10	出水量	不小于设计值	全数	流量表量测

8.5 降水运行

8.5.1 运行管控质量控制及验收应符合表8.5.1的规定。

表8.5.1 运行管控质量控制及验收标准

序号	检查项目	允许偏差或允许值		质量检测	
				检查数量	检测方法
1	降水效果	水位降深	符合设计要求	全数	量测水位
2	流量监测	安装比例	100%	全数	巡视目测
3	含砂量(体积比)	≤1/20 000		减压井	含砂量测定仪
4	水质监测	符合设计要求		全数	水质分析
5	真空度	符合设计要求		全数	真空表量测
6	水位异常报警、用电异常或断电报警反应时间	不大于10 s		全数	演练计时
7	备用井启动反应时间	不大于验证试验报告中的确定时间		全数	演练计时

序号	检查项目	允许偏差或允许值	质量检测	
			检查数量	检测方法
8	备用电源智能控制系统	自动切换	符合设计要求	全数	演练计时
9		备用电源额定功率	≥125%	全数	目测
10	排水系统最大排水能力	不小于工程所需最大排水量的1.5倍	全数	现场测试

8.6 管井封堵

8.6.1 管井封堵质量控制及验收应符合表8.6.1的规定。

表8.6.1 封井管控质量控制及验收标准

序号	检查项目	允许偏差或允许值	质量检测	
			检查数量	检测方法
1	减压井回填后管内止水效果检测（管内止水板未焊接时）	24 h基本无渗水	全数	渗水试验
2	管井外止水板焊接数量	符合设计要求	全数	目测
3	管井外止水板焊接部位	无裂缝、无渗水	全数	渗水试验
4	管井内止水板焊接数量	符合设计要求	全数	目测
5	管井内止水板焊接部位	无裂缝、无渗水	全数	渗水试验

9 安全和应急处置

9.1 一般规定

9.1.1 降水专项施工方案应包括安全和应急处置等内容,明确安全管理组织和应急组织。

9.1.2 降水工程中,应根据现场工况实时跟踪和分析监测数据,对施工安全性进行判断、预警和处置。

9.1.3 降水工程作业场区内安全生产管理的实施与监督应符合现行上海市工程建设规范《现场施工安全生产管理标准》DG/TJ 08—903 的规定;降水工程临时用电应符合现行行业标准《施工现场临时用电安全技术规范》JGJ 46 的规定;降水工程机械设备使用应符合现行行业标准《建筑机械使用安全技术规程》JGJ 33 的规定。

9.2 施工安全

9.2.1 施工操作应符合下列规定:

1 钻机开钻前掌握地下管线及障碍物分布情况。

2 作业前后,对劳防用品、机械设备及机具、吊具、钢丝绳等进行检查。

3 钻机移动需要吊车协助时,钻机先切断电源,吊车起吊前确认吊点是否牢固,试吊查看钻机起吊后是否平稳。

4 起吊井管时在井管顶部焊接起吊防滑点。

5 钻机进出场装卸有专人指挥。

9.2.2 施工防护应符合下列规定:

1 钻孔、下放井管、回填滤料、洗井等施工全过程注意孔口的安全防护。

2 下井管作业时封闭施工区域,严禁无关人员出入。

3 施工现场的沟、坑等处有防护装置或明显标志,井口加盖或设置警戒线,泥浆池周边设置防护栏杆。

4 夜间施工有照明设备,钻机操作台、传动及转盘等危险部位和主要通道不留有黑影。

5 钻机转动部分设有安全防护罩,施工期间非施工人员不得靠近。

9.3 运行安全

9.3.1 降水运行期间降水人员管理应符合下列规定:

1 降水人员按照施工现场安全要求配备劳防用品。

2 电工定期检查施工现场临时用电。

3 土方开挖时,作业人员不得进入机械作业范围内进行清理或割管作业。

4 严禁在未放坡开挖的直立土体边作业;割井管时,施工人员在监护人员的旁站下作业,安全员在现场协调和监督。

5 割井管必须做好个人防护,佩戴护目镜,严禁使用无防护罩的角磨机。

9.3.2 降水运行期间降水工程区域的安全管理应符合下列规定:

1 降水运行前,对操作平台进行验收,合格后挂牌投入使用。

2 井管洞口加盖或采取保护措施,设置标志。

3 抽水管路、电缆等严禁悬挂在基坑内;抽水管路和电缆过路设置暗沟。

4 不割除的井管设置醒目标志,并设置夜间反光标志,暴露部分分段固定。

5 冬季施工作业时对路面及操作平台进行检查,结冰处清除干净后方可进行作业,作业人员必须穿戴好防滑鞋、防护手套等做好防滑、防冻措施。

6 管井拆除有专人指挥操作,宜自上而下分段拆除并垂直外运。

7 割除的井管等材料垂直运输时,绑扎牢固。

9.3.3 高温季节、雨季、冬季应制定降水井运行的技术措施。

9.4 风险控制

9.4.1 应急预案应包括危险源风险评估与风险分析、应急组织机构及职责、信息报告与处置、应急响应程序、应急小组联系方式、现场处置方案与应急措施、应急物质保障、培训与演练等内容。

9.4.2 降水运行前应组织应急预案的演练。

9.4.3 降水运行的风险管控应以水位控制为中心,应符合下列规定:

1 降水施工与运行有专人巡视和记录。

2 降水运行期间,掌握基坑开挖深度、实际工况及环境监测资料,掌握地下水位控制要求。

3 通过验证试验确认管井(井点)成井质量、降水运行目标的可实现性和降水富余能力。

4 在减压井与备用减压井井内配置与其抽水要求相匹配的抽水设备,并定期试抽和检查,试抽频率不低于 1 次/月,现场非放置于井内的同类型抽水设备不少于 1 套。

5 专人负责日常降水的电路检查、维修和保护。

6 专人负责降水排水管路的检查、维修和保护。

7 专人负责井管的检查、加固、标识和维修。

8 专人负责自动化设备的复核、检测和维保。

9.5 应急处置

9.5.1 减压井损坏不能正常抽水时,应立即处置,确保地下水位满足控制要求。应急处置应符合下列规定:

    1 立即启动备用减压井进行抽水。

    2 水位不满足控制要求时,调整减压井、备用减压井的抽水量或在观测井内临时放置大流量抽水泵进行抽水,至水位满足控制要求。

    3 评估管井损坏程度,制定维修或封堵处置方案。

9.5.2 减压井出现渗漏的位置位于开挖面以上时,应急处置应符合下列要求:

    1 宜在基坑内设置临时集水坑,并安装抽水泵进行抽水。

    2 渗漏减压井井内水位降至渗漏点以下后,对渗漏处进行修补处理。

9.5.3 减压井出现渗漏的位置位于开挖面以下时,应急处置应符合下列要求:

    1 快速降低渗漏减压井处的水位,分析渗漏原因及危害。

    2 施工条件允许且通过抽水,渗漏可控时,制订专项的停抽和封堵方案;渗漏可控但不允许长时间抽水时,实施管井修补作业,制订专项的管井封堵方案。

    3 当渗漏较大,基坑施工无法继续进行或渗漏水带泥砂涌出时,立即对井点渗漏处进行堵漏。

9.5.4 当发生承压水坑底突涌时,应立即启动相邻减压井、备用减压井和观测井抽水,观察突涌情况变化;在抽水无效的情况下,向基坑注水或进行土方回填。

9.5.5 当坑外地下水位下降异常或超过警戒值时,应结合变形资料综合分析,制订应急方案,实施应急措施;针对已发现的围护结构渗水点,应及时采取封堵措施和增加水位观测频率。

附录 A 降水工程流程

A.0.1 降水工程勘察、设计、施工、运行宜符合图 A.0.1 的规定。

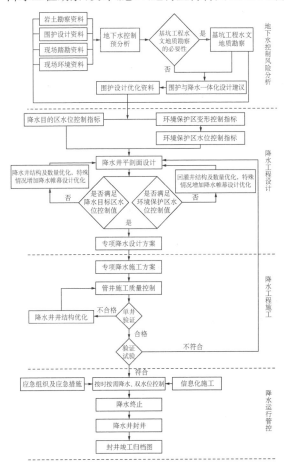

图 A.0.1 降水工程勘察、设计、施工、运行流程图

附录 B 降水涌水量计算

B.0.1 降水涌水量计算应根据地下水类型、补给条件、井的类型以及布井方式等因素,选择计算公式。

B.0.2 封闭型降水,地下水降水总排水量可按表 B.0.2 中的公式估算。

表 B.0.2 地下水降水总排水量计算公式

降水类型	公式	式中符号意义
疏干(水位埋深低于含水层层顶)	$Q_z = \mu As$	Q_z—工程计算地下水总排水量(m^3); μ—疏干含水层的平均给水度;
减压(水位埋深高于含水层层顶)	$Q_z = \mu^* As$	μ^*—承压含水层的储水系数; A—工程开挖面积(m^2); s—含水层中平均水位降深(m)

B.0.3 悬挂型降水,降水涌水量应采用三维渗流数值计算确定。

B.0.4 敞开型降水,降水涌水量可采用三维渗流数值计算确定,也可采用解析法计算确定。采用解析法计算时,圆形或长宽比小于 20 的矩形工程,可按等效大井计算涌水量;基坑长宽比为 20~50 时,可按条形工程计算涌水量公式;工程长宽比大于 50 时,可按线状工程计算涌水量。

B.0.5 等效大井涌水量可按表 B.0.5 中的公式计算。

表 B.0.5 等效大井涌水量计算公式

等效大井类别	公式	式中符号意义
潜水完整井	$$Q = \dfrac{1.366k(2H-s)s}{\lg[(R+r_0)/r_0]}$$	Q—工程计算涌水量（m^3/d）； k—含水层的渗透系数（m/d）； H—潜水含水层厚度（m）； M—承压水含水层厚度（m）； s—设计降水深度（m）； R—引用影响半径（m）； h—工程动水位至含水层底板的距离（m）； $\bar{h}$—平均动水位（m），$\bar{h}=(H+h)/2$； l—滤水管有效工作部分长度（m）； r_0—等效大井半径（m），可按 $r_0=0.565\sqrt{F}$，F 为井点系统的围和面积（m^2）
承压水完整井	$$Q = \dfrac{2.73kMs}{\lg[(R+r_0)/r_0]}$$	
承压转无压完整井	$$Q = 1.366k\dfrac{2HM-M^2-h^2}{\lg\dfrac{R+r_0}{r_0}}$$	
潜水非完整井	$$Q = \dfrac{1.366k(H^2-h^2)}{\lg[(R+r_0)/r_0]+\dfrac{h-l}{l}\lg(1+0.2\bar{h}/r_0)}$$	
承压非完整井	$$Q = \dfrac{2.73kMs}{\lg[(R+r_0)/r_0]+\dfrac{M-l}{l}\lg(1+0.2M/r_0)}$$	

B.0.6 条形工程涌水量可按表 B.0.6 中的公式计算。

表 B.0.6　条形工程涌水量计算公式

地下水类型	公式	式中符号意义
潜水	$Q = \dfrac{Lk(2H-s)s}{R} + \dfrac{1.366k(2H-s)s}{\lg R - \lg \dfrac{B}{2}}$	L—工程长度(m)；B—条形工程宽度(m)；其他符号见表 B.0.5
承压水	$Q = \dfrac{2kMLs}{R} + \dfrac{2.73kMs}{\lg R - \lg \dfrac{B}{2}}$	

B.0.7　线状工程涌水量可按表 B.0.7 中的公式计算。

表 B.0.7　线状工程涌水量计算公式

地下水类型	公式	式中符号意义
潜水	$Q = \dfrac{kL(H^2 - h^2)}{R}$	见表 B.0.5 和表 B.0.6
承压水	$Q = \dfrac{2kLMs}{R}$	

B.0.8　水平截水帷幕隔断工程涌水量可按表 B.0.8 中的公式计算。

表 B.0.8　水平截水帷幕隔断工程涌水量计算公式

地下水类型	公式	式中符号意义
潜水、承压水	$Q = k_v A \dfrac{h_s - h_0}{H_d}$	H_d—水平截水帷幕厚度(m)；k_v—水平截水帷幕加固体的垂向渗透系数(m/d)；A—水平截水帷幕平面面积(m^2)；h_0—初始水位埋深(m)；h_s—水平截水帷幕上地下水位埋深(m)；其他符号见表 B.0.5

附录 C　管井布设

C.0.1　管井布设宜符合表 C.0.1 的规定。

表 C.0.1　不同降水类型的管井布设

降水类型	类型特征	减压管井布井原则	
封闭型降水	管井滤水管底位于截水帷幕底以上；截水帷幕完全隔断含水层	图 C.0.1-1　封闭型降水示意图	
		平面布置	剖面布置
		坑内布设减压管井、观测管井、备用减压管井；沿基坑四周宜布设坑外观测井,间距宜为 20 m～50 m；坑外有环境保护要求时,应在邻近保护对象区域布设观测井	含水层厚度不大于 10 m 时,减压井宜为完整井；含水层厚度大于 10 m 时,宜为非完整井,滤水管长度应根据土性及基坑内降压幅度及环境要求综合确定
悬挂型降水	管井滤水管底位于截水帷幕底以上；截水帷幕插入含水层一定深度,但未隔断含水层	图 C.0.1-2　悬挂型降水示意图	

续表C.0.1

降水类型	类型特征	减压管井布井原则	
		平面布置	剖面布置
悬挂型降水	管井滤水管底位于截水帷幕底以上;截水帷幕插入含水层一定深度,但未隔断含水层	坑内布设减压管井、观测管井、备用减压管井;沿基坑四周布设坑外观测井,间距不宜超过 50 m;坑外保护对象附近应布设水位观测井,必要时可采取工程回灌降低对周边环境的影响	减压管井深度应小于截水帷幕深度并保持一定高差,滤水管顶宜靠近含水层顶端,滤水管长度根据土性及基坑内减压降水幅度综合确定
敞开型降水(1)	滤水管底位于截水帷幕以下;截水帷幕部分进入含水层	图C.0.1-3 敞开型降水(1)示意图一 图C.0.1-4 敞开型降水(1)示意图二	
		平面布置	剖面布置
		1)基坑宽度不大于 30 m 时:流量不小于 15 m³/h 的减压管井,宜以坑外布设减	坑外减压管井滤水管宜自截水帷幕底向下设置,滤水管长度根据土性、

降水类型	类型特征	减压管井布井原则	
		平面布置	剖面布置
敞开型降水(1)	滤水管底位于截水帷幕以下;截水帷幕部分进入含水层	压管井、观测管井和备用减压管井为主;流量小于 15 m³/h 的减压管井,宜以坑外布设减压管井为主,坑内布设观测管井和备用减压管井。 2)基坑宽度大于 30 m 时,宜坑内外联合布设减压管井,坑内布设观测管井和备用减压管井	基坑内降压幅度及环境要求综合确定
敞开型降水(2)	滤水管位于含水层中;目的含水层中无截水帷幕	 图 C.0.1-5 敞开型降水(2)示意图一 图 C.0.1-6 敞开型降水(2)示意图二	

续表C.0.1

降水类型	类型特征	减压管井布井原则	
		平面布置	剖面布置
敞开型降水(2)	滤水管位于含水层中;目的含水层中无截水帷幕	1) 基坑宽度不大于 30 m,宜以坑外布设减压管井、观测管井和备用减压管井为主。 2) 基坑宽度大于 30 m,宜坑内外联合布设减压管井,坑内布设观测管井和用减压管井	管井滤水管顶靠近含水层顶端,滤水管长度根据土性及基坑内减压降水幅度综合确定

附录 D 施工与运行记录表

D.0.1 成井施工旁站记录表 D.0.1 应由项目管理人员填写。

表 D.0.1 施工旁站记录表

项目名称				
工程部位			管井施工单位	
管井编号		管井深度 _____m	管井类型	疏干□ 减压□ 回灌□ 观测□
旁站时间	年 月 日 时 分——		年 月 日 时 分	
钻进中泥浆	比重: 粘度:		清孔后泥浆	比重: 粘度:
终孔深度	m		沉渣厚度	cm
井滤水管拼接	严密性:严密□ 有缝隙□		牢固性:牢固□ 松散□	
扶正器数量		扶正器高度		扶正器间隔	
滤料回填	数量:_____m³ 高度:_____m		黏土球回填	数量:_____m³ 高度:_____m
黏土回填	数量:_____m³ 高度:_____m³		压密注浆或混凝土回填	灌浆量/混凝土浇灌量: _____m³
活塞洗井	开始:_____时_____分 结束:_____时_____分 活塞行程次数:_____次 最终出水水色:清澈□ 混浊□			
空气压缩机洗井	开始:_____时_____分 结束:_____时_____分 最终出水水色:清澈□ 混浊□ 管内沉渣高度:_____cm			
试抽水设备		下泵深度		试抽水时间	
试抽水流量		管内动水位		试抽水水色	
旁站记录人			日期	
总承包单位旁站意见:			旁站人:	
监理单位旁站意见:			旁站人:	

D.0.2 降水运行记录表 D.0.2 应由项目管理人员填写。

表 D.0.2 降水运行记录表

日期：　　　　　　　　　　　　天气：

一、施工工况/降水工况：

二、当前主要降水风险：

三、数据报表

疏干井

井号	井口标高(m)	初始水位(m)	上次水位(m)	本次水位(m)	当前日出水量(m³/d)	累计(m³)	水位降深(m)		真空度(kPa)	井状态	安全水位(m)	水位状态
							本次	累计		安全/破坏		安全/超阈/报警
井号 1												
...												

降压（含水层1）

井号	井口标高(m)	初始水位(m)	上次水位(m)	本次水位(m)	当前流量(m³/h)	累计(m³)	水位降深(m)		水泵深度	井状态	安全水位(m)	水位状态
							本次	累计				
井号 2												
...												

续表D.0.2

回灌（含水层1）

井号	井口标高(m)	初始水位(m)	上次水位(m)	本次水位(m)	当前回灌量(m³/h)	累计回灌(m³)	水位降深(m) 本次	水位降深(m) 累计	回灌压力(MPa)	井状态	安全水位(m)	水位状态
井号1												
…												

制表人：　　　　　　　　　　　　　　　填表人：

附录 E 管井封堵

E.0.1 井管外侧止水钢板的焊接宜符合图 E.0.1 的规定。

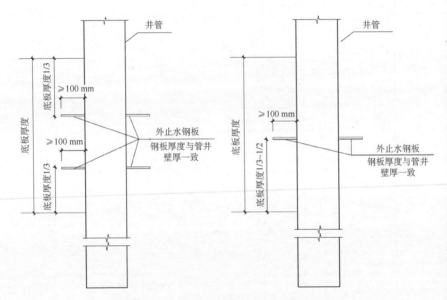

图 E.0.1 井管外侧止水钢板的焊接示意图

E.0.2 封闭在底板垫层面以下的疏干井封堵宜符合图 E.0.2 的规定。

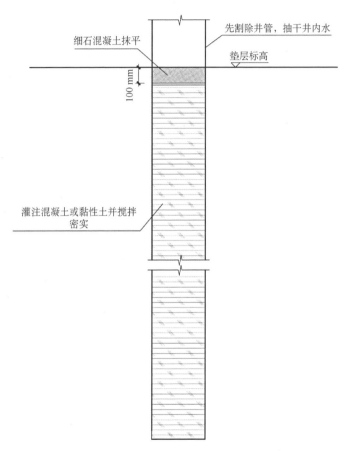

图 E.0.2 封闭在底板垫层面以下的疏干井封堵示意图

E.0.3 封闭在底板垫层面以下的减压井封堵宜符合图 E.0.3 的
规定。

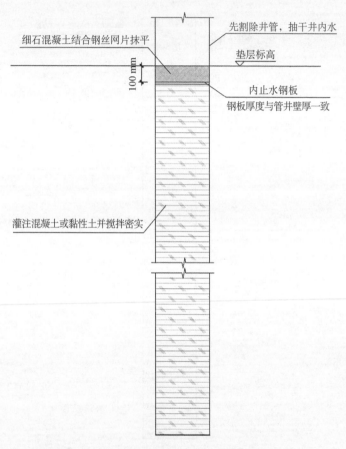

图 E.0.3 封闭在底板垫层面以下的减压井封堵示意图

E.0.4 保留在基坑底板中的疏干井封堵宜符合图 E.0.4 的规定。

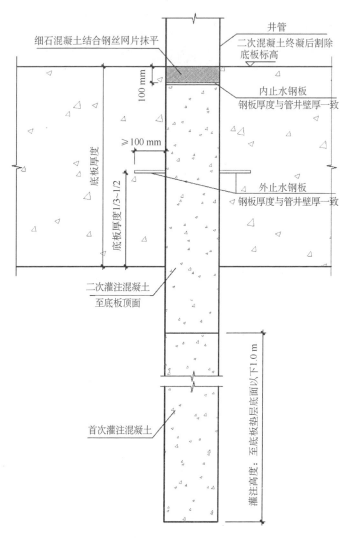

细石混凝土结合钢丝网片抹平

100 mm

底板厚度

底板厚度1/3~1/2

≥100 mm

二次灌注混凝土至底板顶面

首次灌注混凝土

井管
二次混凝土终凝后割除底板标高

内止水钢板
钢板厚度与管井壁厚一致

外止水钢板
钢板厚度与管井壁厚一致

灌注高度：至底板垫层底面以下1.0 m

图 E.0.4 保留在基坑底板中的疏干井封堵示意图

E.0.5 坑内减压井混凝土封堵宜符合图 E.0.5 的规定。

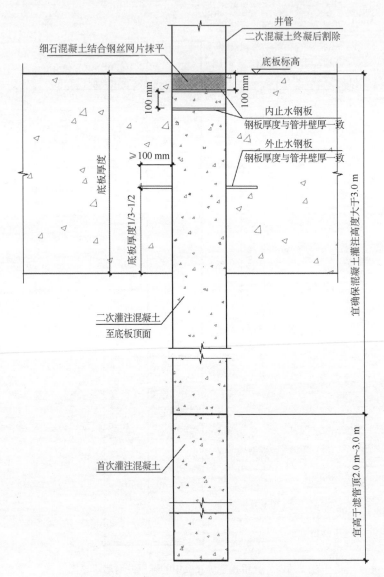

图 E.0.5 坑内减压井混凝土封堵示意图

E.0.6 坑内减压井注浆封堵宜符合图 E.0.6 的规定。

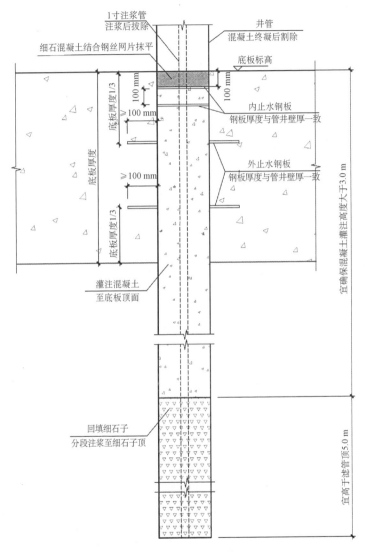

图 E.0.6 坑内减压井注浆封堵示意图

E.0.7 坑内减压井导管灌注细石混凝土封堵宜符合图 E.0.7 的
规定。

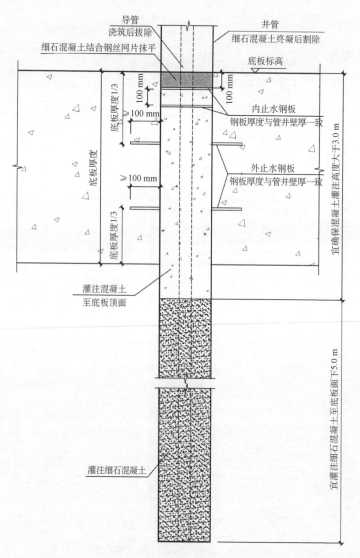

图 E.0.7 坑内减压井导管灌注细石混凝土封堵示意图

E.0.8 处于未来规划地下空间内的坑外管井封堵宜符合图 E.0.8 的规定。

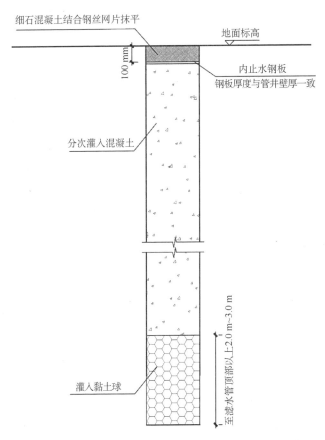

图 E.0.8 处于未来规划地下空间内的坑外管井封堵示意图

E.0.9 不处于未来规划地下空间内的坑外管井封堵宜符合图 E.0.9 的规定。

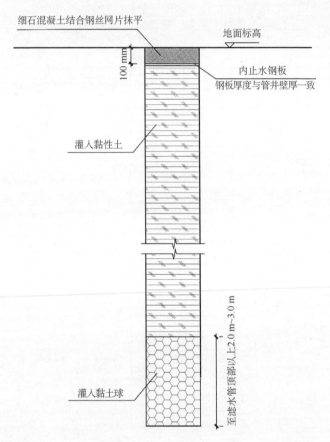

图 E.0.9 不处于未来规划地下空间内的坑外管井封堵示意图

本标准用词说明

1　为便于在执行本标准条文时区别对待，对要求严格程度不同的用词说明如下：

　　1）表示很严格，非这样做不可的用词：

　　　　正面词采用"必须"；

　　　　反面词采用"严禁"。

　　2）表示严格，在正常情况下均应这样做的用词：

　　　　正面词采用"应"；

　　　　反面词采用"不应"或"不得"。

　　3）表示允许稍有选择，在一定条件下可以这样做的用词：

　　　　正面词采用"宜"；

　　　　反面词采用"不宜"。

　　4）表示有选择，在一定条件下可以这样做的用词，采用"可"。

2　条文中指明应按其他有关标准、规范执行的写法为"应符合……的规定"或"应按……执行。"

引用标准名录

1 《饮用冷水水表和热水水表》GB/T 778
2 《室外排水设计规范》GB 50014
3 《建筑机械使用安全技术规程》JGJ 33
4 《施工现场临时用电安全技术规范》JGJ 46
5 《基坑工程技术标准》DG/TJ 08—61
6 《现场施工安全生产管理标准》DG/TJ 08—903
7 《基坑工程施工监测规程》DG/TJ 08—2001
8 《地面沉降监测与防治技术标准》DG/TJ 08—2051
9 《建设工程水文地质勘察标准》DG/TJ 08—2308

标准上一版编制单位及人员信息

DG/TJ 08—2168—2015

主 编 单 位:上海隧道工程有限公司
　　　　　　上海广联环境岩土工程股份有限公司
　　　　　　上海建科工程咨询有限公司
参 编 单 位:上海建工七建集团有限公司
　　　　　　上海市城乡建设和交通委员会科学技术委员会
参 加 单 位:同济大学土木工程学院
主 要 起 草 人:娄荣祥　田　军　缪俊发　兰　鞾　陈　浩
　　　　　　周红波　胡文宏　温锁林
参 加 起 草 人:马爱民　王　祎　王　军　沈　宏　李　林
　　　　　　李　侠　陶　红　徐荣梅　傅　莉
主 要 审 查 人:杨我清　吴君候　陈立生　李海光　何拥军
　　　　　　吴杏弟

上海市工程建设规范

降水工程技术标准

DG/TJ 08—2168—2023
J 13266—2024

条 文 说 明

目 次

Contents

1 总 则

1.0.1 本市位于长江三角洲前缘的南部,除松江西北部有高出地面数十米至百米的零星孤丘外,地势较平坦。地貌特征上,本市市区及郊区的大部分地区位于滨海平原区,上海第四系覆盖层厚度一般为 200 m～450 m,地下水可分为潜水和承压水两大类。上海浅部分布的承压含水层,主要包括微承压含水层(④$_2$层、⑤$_2$层、⑤$_{3-2}$层等)、第 I 承压含水层(⑦层)、第 II 承压含水层(⑨层)、第 III 承压含水层(⑪层)、第 IV 承压含水层(⑬层)和第 V 承压含水层(⑮层)等。20 世纪 80 年代以来的工程实践表明,古河道区溺谷相沉积的粉性土层中所含的地下水亦具承压特征,为与上更新世之前的五大承压含水层区别,称作"微承压含水层"。本标准中所提的承压含水层涵盖微承压含水层。

承压水一般水量丰富、渗透性能好,且具承压性,对地下工程建设具有较大的风险,如处置不当,易造成基坑突涌、流土、管涌等事故,造成巨大的损失。当停止降水、降水失效或未采取有效的承压水减压措施,即承压水水头高于安全高度时,基坑工程就有可能发生突涌破坏,导致基坑外发生水土流失、地面沉陷,围护结构发生下沉、歪斜等,最终引发严重的工程安全事故。当地下水控制方法选用不当,导致坑外承压水水位降深过大时,降水影响范围内将产生较大的地面沉降,可能导致周边建(构)筑物发生不同程度的损坏,引发较为严重的环境岩土工程问题。

近 20 年来,本市专家与工程技术人员在降水引起的环境变形规律、墙井作用机理、围护-降水一体化设计、降水与回灌一体化技术、承压水风险管控技术等方面开展了多层次的理论研究和工程实践活动,大大提高了地下水对工程危害的认识水平。但近年来本市因地下水引起的事故仍时有发生,这使得我们仍需及时总结工程实践经验,规范降水工程勘察、设计、施工、运行及验收全过程,提高对地下水的控制和保护能力。

当前本市地下空间开发力度越来越大,施工深度越来越深,施工面积越来越大,承压水对工程开挖施工和周边环境的安全威胁越来越大,地下水控制的难度越来越大,具体表现在以下几个方面:

1 建设工程要求降低的承压水水头值越来越大,目前本市地下水位降深最大已超过 50 m。对降水设计、施工与运行管控而言,大大增加了技术难度与风险。

2 地下水位降深越深,地下水的抽水量越大,相应引起的对环境的不利影响增加。尤其在巨厚软土层发育的本市,降水易引起周边地层较大水平位移与地面沉降,对周边建筑环境的不利影响更不容忽视。

3 由于要求达到的地下水位降深较大,不可避免地在工程周围地层中形成较大、较深的地下水降落漏斗,地下水流速急剧增加,在地层中产生了附加的渗透应力场,围护结构经受较大的附加应力的作用,不利于围护结构的稳定。

4 城市密集区域空间交叉建设中,对既有建(构)筑物、周边环境的控制要求越来越高,尤其在既有高、快速交通的隧桥、市政公共设施、轨道交通、市域和城际铁路、磁悬浮等周边或其地下空间施工,地面及建筑体沉降变形等控制的精度达毫米级,这对本就控制难度大的地下水控制技术又提出了新的更高的控制目标。

5 大面积基坑群建设中,各基坑施工降水对既有建(构)筑物、周边环境的影响以及不同基坑间的相互影响变得越来越复杂,这对降水运行的综合管控提出了更高的要求。

随着本市地下空间的进一步开发,遇到的新问题越来越多,但新技术的发展又为我们提供了新的技术措施,建设各方应支持理论和技术创新,鼓励创新成果在建设工程中的应用,同时为确保新技术或新措施满足标准中规定的性能要求及工程建设的安全,对拟采用的新技术、新方法或新措施应进行专项论证。采用突破本标准计算指标的新技术或新方法,建议组织专家论证,论证通过后方可应用。

1.0.2 本标准主要服务于本市的建筑与市政工程建设,同时对需要采取降水措施的其他地下工程也可参照执行。采取降水措施的地下工程主要包括:

1 在动水压力作用下的砂土、粉性土及夹薄层粉砂的饱和黏性土层中进行的建(构)筑物基坑、工作井、沉井、地下暗挖隧道洞门、箱涵等地下空间开挖的工程。

2 地下结构的底板以下存在承压含水层,且经验算,底板开挖面至承压含水层顶板之间的土体重力不足以平衡承压水水头压力而需要减压降水的工程。

3 在粉性土、砂土层中采用干法(排水法)下沉或干封底的沉井工程。

4 其他需要降低地下水位的地下工程。

2 术语和符号

2.1 术 语

2.1.1 截水、降水、排水和回灌均是工程地下水控制的手段之一，本标准所指的降水工程涵盖了除截水之外的降水、排水和回灌措施。

2.1.2 工程水文地质勘察和降水验证试验均是合理构建水文地质概念模型的重要手段。

2.1.4 围护与降水一体化设计是指为保证建设工程与周边环境安全，针对同时可用作挡土和截水的围护结构，在围护设计中按照结构的要求确定基本插入深度，然后考虑降水设计对于围护结构插入深度、空间布局以及降水井结构的需求进行优化调整，基于经济、技术、环境条件等设计围护结构与降水井。

2.1.5 综合考虑人工补、排地下水过程中的地下水均衡问题，系统开展降水井、回灌井、监测点的平剖面布设与配套管路、系统设计，建立新的地下水均衡，控制由于施工降水引起的周边受保护建（构）筑物区域地下水位变化及地面沉降。

2.1.6 截水帷幕包括竖向截水帷幕和水平截水帷幕，本标准中无特别指出时均为竖向截水帷幕。

2.1.7～2.1.9 同一基坑因目的含水层的不同，可能出现多种降水类型；同一基坑四周截水帷幕深度有差异时，宜按最浅截水帷幕进行对比分类。

2.1.13 依据回灌目的的差异，地下水回灌可分为基于环境控制和基于水资源保护两类不同控制要求的地下水回灌。本标准中的地下水回灌主要是指基于环境控制的地下水回灌。

2.1.14 本标准中将管外径不大于 100 mm 的井称为井点,如轻型井点、喷射井点。常规术语中管井的外径为 200 mm~800 mm,井点管外径为不大于 100 mm,而管外径 100 mm~200 mm 没有明确定义,本市经常出现管外径为 108 mm、168 mm 的井。鉴于此,本标准将管井的外径下限设为 100 mm。

2.1.16 本标准中将疏干井、减压井、轻型井点、喷射井点等用于抽取地下水的管井和井点统一称为降水井;将抽取、监测或保护地下水的管井和井点统一称为管井(井点);将抽水的试验管井和井点统一称为抽水井。

2.1.18 上海地区出现的降压井与减压井为同一概念,本标准统一称为减压井。

2.1.19 采用管井引水渗入目的含水层时,称为回灌管井;采用井点引水渗入目的含水层时,称为回灌井点。

3 基本规定

3.0.1 本条中降水设计、降水施工和降水运行包括了回灌设计、回灌施工和回灌运行。

3.0.2 本条提出了降水工程应满足的6项关键工作,涵盖设计、施工、运行管控和管井封堵。

    1 强调降水设计中掌握拟建工程及周边含水层水文地质参数,构建水文地质概念模型的重要性。水文地质概念模型的构建主要包括含水层的界定及其空间分布特征、相关水文地质参数的确定、地下水初始水位的确定、水文边界的确定、既有周边建筑对渗流场的影响等内容。以下列举了几种影响模型精度的情况。

        1)基坑外地层出现明显的变化,如图1所示,与本市常规设计中将承压水作为近拟水平向无限延伸的无界含水层考虑,形成明显的差异。

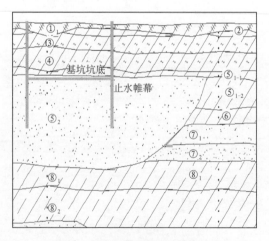

图1 水文地质剖面示意图(1)

2）目的含水层厚度和其下部土层特征不明确，如图 2
所示。

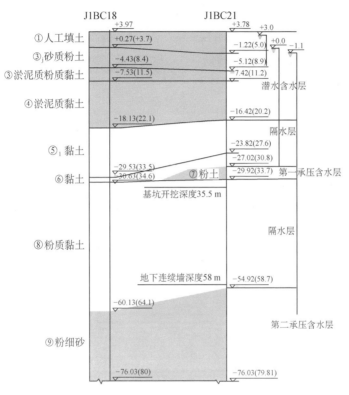

图 2 水文地质剖面示意图（2）

3）未能查明初始水位及其波动，如图 3 所示。

4）概念模型中未考虑周边地下建（构）筑物的阻隔作用，如
图 4 所示。

5）模型构建尺寸偏小，低估了降水的区域环境影响。

6）水文地质参数应以工程水文地质勘察为准。本市含水
层成层特性明显，不同平面和深度处渗透系数各向异性
具有明显的差异，目前尚不能精确刻画，应重视后期的

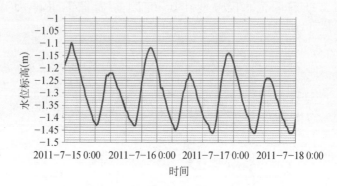

图3 承压水水位初始标高变化曲线

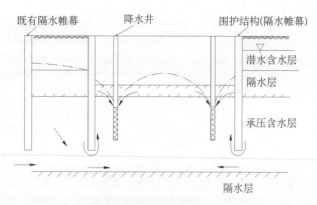

图4 既有帷幕的阻隔作用

验证试验对参数的校核。

2 降水工程中,工程外地下水位降深设计允许值受两方面因素的影响:

1)工程外建(构)筑物的保护要求,该值应由环境设施权属单位或设计方提出。

2)基于本市地面沉降防治要求的规定,应低于深基坑减压降水地面沉降控制预警指标,具体参见现行上海市工程建设规范《地面沉降监测与防治技术标准》DG/TJ 08—

2051 中的规定。

3 地下水控制包括截水、降水、排水、回灌等措施。本条中的围护与降水一体化设计本质就是指工程地下水控制,本处强调了截水、降水与回灌三者应作为一个整体系统进行设计,应采用三维数值法进行多类型方案的比选。在本市地面沉降易发区,应以隔断含水层为主,如果截水帷幕不能将目的含水层完全隔断,且具备回灌条件时,应按照降水与回灌一体化设计原则进行降水设计。

同时也应通过围护与降水一体化设计,减少地下水的抽排,响应《地下水管理条例》(国令第 748 号)第六条指出的要求:"利用地下水的单位和个人应当加强地下水取水工程管理,节约、保护地下水,防止地下水污染。"降水工程除有效控制对工程和周边环境的影响,尚应防止污染地下水,减少地下水的抽排量。

4 强调了涉及承压水降水的降水设计方案及措施的实施必须经过验证试验校核与检验,确定可行后方可实施。涉及较厚粉性土、砂土的疏干降水也应开展降水验证试验。

5 结构设计单位应提供不同阶段、不同区域、不同含水层层顶所受荷载值,降水施工单位在此基础上编制降水运行计算书,制订降水井运行计划。在安全水位逐步上升时,降水井的停抽应逐步实施,并加强停抽间的水位监测和异常监测。"按需降水,最小化降水"是本市地下水控制中遵守的一项基本原则,降水设计阶段应最小化各阶段降水期间的降水涌水量,运行阶段应强化按需降水,工程施工方应最短化各阶段地下水抽水时间。本条强调了按需降水、最小化降水的理论原则,同时进一步强调了按需降水动态化管控措施要求,动态化管控中应提高降水运行的信息化管控水平,提高实时监测能力、水位异常的反馈和应急响应能力。

6 强调管井封堵应依据施工工况有序开展,同时应加强管井封堵后其拆除工作的安全管理。

3.0.3 现行上海市工程建设规范《建设工程水文地质勘察标准》

DG/TJ 08—2308 中明确了水文地质勘察等级的划分、不同等级下的勘察工作要求及成果要求,各项工程应按对应等级开展同等级工作,为地下水控制设计和施工提供可靠的水文地质参数和地下水控制建议。

3.0.4 地下水控制设计资料不充分时,水文地质参数的取值应按不利条件考虑。按不利条件设计时,设计方案将相对保守,成本高昂,更有可能使得部分设计方案难以施工。设计人员应对此进行分析,依据分析结果确认需要进一步补充的数据资料,用于进一步的地下水控制设计。

3.0.5 降水施工方应根据当前施工工况、施工条件及施工风险,落实和深化降水工程设计,编制降水工程专项施工方案,应当根据实际的施工工况、作业条件等分区分阶段组织降水施工,并提供包括验证试验、降水运行管理、降水风险应急等针对性措施。

3.0.6 降水可行的试验结论应作为基坑开挖或工程后续开展的必要条件。对于只开展疏干降水的工程,可结合开挖前降水数据编制预降水小结报告。

3.0.7 降水工程是一个动态管控的过程,应强化动态可控性。根据监测资料判断分析地下水控制对工程环境影响程度及变化趋势,根据实际施工的工况进行动态调整,及时采取防治措施,适时启动应急预案。

降水运行过程中因一些突变事件的发生,水位的变化存在突变特性,人工的监测频率以及人工操作远不能达到水位变化反馈的及时性及应急响应的及时性。为降低地下水管控风险,减压降水工程的水位观测应采用自动化监测技术,同时利用信息化技术进行实时动态化管控。

3.0.8 降水工程应符合《地下水管理条例》(国令第 748 号)第二十二条、五十二条中关于计量的规定。

3.0.10 管井(井点)作为临时抽水构筑物,使用寿命较短,管井一般不超过 1 年,特殊情况不宜超过 2 年。超过 1 年的管井,应做好管井运行维护方案。管井使用周期超过 2 年时,管井构造应专项设计,管井数量宜满足 2 年后工况所对应的常规管井设计数量的 1.2 倍,有条件后期施工的可在后期施工,比如坑外减压井、坑外回灌井等。

井点的使用周期一般为 6 个~8 个月。

4 降水设计

4.1 一般规定

4.1.1 本条规定了降水工程设计前建设方应提供的资料。

4.1.2 降水工程中,一般采用几种降水方法联合并用的方式开展降水设计,如减压井＋疏干井＋集水明排、减压井＋疏干井＋轻型井点、疏干井＋轻型井点＋集水明排等组合设计。目前,电渗法降水在本市使用较少,本标准未将其放入常用方法,如采用该方法,应符合现行行业标准《建筑与市政工程地下水控制技术规范》JGJ 111 中的相关规定。

4.1.3 降水设计方案主要包括以下内容:

　　1 工程概况、水文地质条件、工程环境和现场条件。

　　2 地下水控制风险、降水技术方法及方案,并应包含降水施工平面布置图、降水设施结构图及相关文字说明。

　　3 计算降水涌水量、坑内外水位变化。降水将引起坑外地下水水头降低的,应预测降水引起的地面沉降及绘制地面沉降平面分布图,分析、评估降水对周边环境的影响。

　　4 地下水位及流量等的监测方法与要求。

　　5 降水工程的辅助措施和补救措施,如涉及回灌,应按降水与回灌一体化设计考虑。

　　6 成井施工、验证试验、降水运营、管井(井点)封堵、地下水污染控制等有关技术要求。

　　7 管井(井点)质量验收标准、运营验收标准和封堵验收标准。

　　8 降水工程的应急处理措施。

4.1.4 基于环境变形控制的降水工程,应首选围护与降水一体化设计。

4.1.5 当回灌影响工程区内水位变化时,应采用降水与回灌一体化设计。

降水与回灌一体化设计除应满足降水设计的内容外,还应包括但不限于以下内容:回灌井、观测井结构及平面设计,应绘制降水回灌下的地下水位云图和预测地面沉降的平面图;明确回灌水源及相关辅助措施;降水与回灌一体化系统设计;降水与回灌验证试验方案等。

4.1.6 坑内管井的布置应考虑管井在使用期可正常并方便运营。管井位置不应影响基坑开挖和结构制作等施工作业,尤其是不随基坑开挖割除的井点,其布置在不影响施工区域的同时,又要便于维护。基坑底部加固较厚的情况下,疏干井结构一般不穿过加固区;对于加固区设置于基底上部,疏干井结构一般需穿过加固区。

对规划下穿工程,如必须设置管井,应开展专项管井设计和管井处置,并论证处置措施的可靠性。

4.1.7 坑外管井的布置应考虑管井在成井施工期不造成破坏,同时未来不影响其他工程的建设。对于部分工程不得不在未来工程区成井的,应视具体风险制订后续处理措施,如采用可靠封堵或完毕后拔除处理等。

井位中心与截水帷幕边缘宜保持 2.0 m 以上的距离,如遇特殊情况,应采用对应措施并开展专项论证。

用于辅助沉井作业的降水井,降水井与沉井的距离应考虑沉井的挤土效应。

4.1.8 井结构应紧密结合紧邻勘探孔设计,如相邻勘探孔地层起伏较大时,建议做补充勘察。井结构设计应充分考虑井壁可能的冒水风险并制定相应措施。

4.1.9 预估不同工况下的降水涌水量及工程总排水量,可有效进行抽水物资设备和外排管路的配置,分析外排水可能的去向。

4.2　疏干降水

4.2.1　疏干降水的方法可在本标准表 4.1.2 中选取一种或多种降水方法。本市使用单一的降水方法很难实现不同深度处不同土层均疏干到位,建议多种降水方法结合使用。

4.2.2　本市疏干目的层多为淤泥质黏性土和黏性土等渗透性差的土层,观测井中的水位与地下水自由水位在工程实际中存在一定的偏差和滞后,因此本条中增加了疏干降水量与疏干计算总排水量的概念,用疏干降水量与计算的降水总排水量对比来评估疏干效果。因计算中未考虑大气降水、其他渗漏补给等情况,疏干降水实际外排量一般高于计算的外排量,设计可根据实际降雨和渗漏情况,进行折减分析。

通过疏干降水,短期内不可能将被开挖土体完全"疏干",只能部分降低土体的含水量。为保证疏干降水效果,以淤泥质黏性土和黏性土为主的土体含水量的有效降低幅度不宜小于 8%,以砂性土为主或富含砂性土夹层的土体含水量的有效降低幅度不宜小于 10%。

4.2.3　封闭型降水工程疏干井备用系数按 10% 考虑,悬挂型或敞开型降水工程疏干井备用系数按 20% 考虑。如涉及环境影响分析,应采用数值法进行分析。

根据本市土层特性,基坑开挖前,坑内土体的疏干需要一定的提前降水时间。提前降水时间与需降水土层的渗透性能、降水场点周围是否设置截水帷幕以及帷幕与周边水力联系状况的关系较大,也与降水土层的总厚度有关。疏干非黏性土含水层的降水运行提前时间相应较短;对井深范围内渗透系数差异较大的各土层同时有疏干或降低含水量要求,预抽水时间以渗透系数较小的土层确定。

4.2.4 本市封闭型降水工程,采用管井疏干降水时,管井数量一般采用面积法进行计算。

本市开挖范围内往往存在土性差异明显的地层,综合土性以及土方开挖等实际施工工况,疏干管井宜综合按 150 m²～250 m² 考虑。对于部分土层需局部加强抽水时,可局部增加集水明排、轻型井点等辅助措施。

宽度较小的狭长型基坑,如按面积法计算,疏干管井数量偏少。鉴于此,综合土性、基坑形状及土方开挖等实际施工工况,疏干管井可按梅花状布设,间距宜按 10.0 m～15.0 m 考虑。

4.2.5 常规疏干井因大多位于黏性土中,水位观测不灵敏,一般不单独设置观测井,水位观测一般采用疏干井停抽 24 h 后观测的井内水位作为预估降水水位。针对具有较厚粉性土、砂土的含水层,基坑如果降水不到位可能出现纵向滑坡和坑底隆起的严重事故,也无法施工下翻梁、落深坑等结构,此时疏干降水直接关系基坑安全,同时该类型降水,坑外渗漏水风险相对较大,因此坑内外应设置观测井,分析基坑渗漏风险。

基坑底位于粉性土或砂土层中时,底板浇筑期间应根据实际疏干井的出水量情况以及帷幕可能的渗漏情况,疏干井保留数量不宜少于 1/2,以确保含水层水位不高于垫层。

开挖深度范围内,承压含水层层顶埋深大于 25 m,且含水层厚度大于 6 m 时,建议单独布设疏干井,其管井构造按减压井构造设计。开挖深度范围内,含水层层顶埋深大于 10 m,厚度大于 6 m,且为非封闭型降水工程时,建议单独布设疏干井,其管井构造按减压井构造设计。

4.2.6 疏干井深度应严格控制,防止揭穿或与下伏承压含水层串通,使得疏干困难或提前发生减压降水,在帷幕未隔断该承压含水层的情况下,不利于周边环境保护。这是疏干井井结构设计中的一条红线。

4.2.7 疏干井管选用材料应具有足够的强度和刚度,本标准所提材料与壁厚为本市常规基坑的适用规格。对于基坑开挖后基本不使用的管井,其规格可适当降低;使用周期超过2年的,应提高壁厚等级。

综合考虑疏干降水降深需求、水力梯度以及井损等因素,本市疏干降水井深度不宜小于基坑开挖深度5.0 m。

4.2.8 工程实际中应结合土层特性、相邻围护变形、单井流量及地下水位等综合确定是否采用真空降水。

4.2.9 对于夹层水、地层界面水的疏干,依靠不断减小疏干管井井间距的方法,也难以达到预期降水目的,建议施工方做好相应的辅助降水措施。

本市淤泥质土层具有一定的结构性,开挖过程应制定减少挖机对该土层的翻倒次数方案。合理的土方开挖,也是一种比较好的辅助措施。

4.2.10 集水明排的主要适用范围如下:

1 地下水类型一般为上层滞水、潜水,含水土层渗透能力较弱。

2 一般为浅基坑,降水深度不大,基坑或涵洞地下水位超出基础底板或洞底标高不大于2.0 m。

3 排水场区附近没有地表水体直接补给。

4 含水层土质密实,坑壁稳定(细粒土边坡不易被冲刷而塌方),不会产生流砂、管涌等不良影响的地基土,否则应采取支护和防潜蚀措施。

5 基坑开挖过程中的临时集水、排水措施。

4.2.11 为防止采用水冲法成孔的轻型井点在高压水作用下发生串孔现象,轻型井点管间距不宜小于0.8 m。实际应用过程中,对于土性以黏性土为主的或预降水时间短的,井点管水平间距宜小;土性以砂土为主的或预降水时间充足的,井点管水平间距可适当放大,但不宜超过1.6 m。

真空管路系统任一环节的漏气或功能失效都会影响真空降水效果。正式降水运行前进行试抽状况的系统检查(包括真空设备的功率及运行状态,软管、硬管接口的密封性和黏性土封孔的止漏效果等),有利于发现问题并及时处理。当使用水射泵时,其工作压力不应小于 0.25 MPa。通常,先期降水运行的真空度应达到 65 kPa,降水运行中后期因含水层水位下降,改变了原先井点管外的水封闭条件,会使真空度降低。

轻型井点应结合基坑长宽度和平面形状合理布设。可酌情采用直线单双排、L 形、U 形、弓字形、回字形、多边形等多种形式,但任一形式或几种形式结合起来布设都应能适合基坑分区分段或分层开挖工况的要求,并应考虑泵组撤离与预定挖土工况之间的协调。

4.2.12 喷射井点主要适用于渗透系数较小的含水层和降水深度较大(降幅 8.0 m～20.0 m)的降水工程。其主要优点是降水深度大,但由于需要双层井点管,喷射器设在井孔底部,有 2 根总管与各井点管相连,地面管网敷设复杂、工作效率低、成本高、管理困难,现阶段本市大范围使用该方法的工程较少。

单井试抽应先接通总管,不接回水管,以减少浑水对水泵叶轮和喷嘴的磨损。单井试抽地面测定的真空度达到 90 kPa 时,证明整个管路系统的密封性和黏性土封孔效果符合要求。之后进行场地降水系统的试运行。

喷射井点降水设计方法与轻型井点降水设计方法基本相同。基坑面积较大时,井点采用环形布置;基坑宽度小于 10.0 m 时,采用单排线型布置;大于 10.0 m 时,采用双排布置。喷射井管管间距一般为 3.0 m～5.0 m。当采用环形布置时,进出口(道路)处的井点间距可扩大为 5.0 m～7.0 m。

采用喷射井点降水辅助地下连续墙成槽时,喷射井点的位置应避开成槽设备,间距不宜大于 2 幅地下连续墙宽度,深度应根据浅部粉性土、砂土层层底埋深确定。

4.3 减压降水

4.3.2 基坑底部存在承压含水层时,开挖减小了含水层上覆不透水层的厚度,当减少到一定程度时,承压水的水头压力能顶裂或冲毁基坑底板,造成突涌。

突涌的形式表现为:

1) 基底顶裂,出现网状或树状裂缝,地下水从裂缝中涌出,并带出下部的土颗粒。

2) 基坑底发生流砂现象,从而造成边坡失稳和整个地基悬浮流动。

3) 基底发生类似于"沸腾"的喷水现象,使基坑积水,地基土扰动。

当不满足抗承压水稳定验算时,需对承压水进行减压降水。公式中各项参数的取值应根据勘察报告确定,初始水位应根据实测最高水位确定,当没有实测数据时,应按不利水位或经验值确定,并在基坑开挖前根据实测值复核计算结果。

抗承压水稳定性安全系数不应小于 1.05,当含水层层顶起伏坡度大于 10％时,宜按 1.10 取值。

除勘察报告明确指出的承压含水层外,基坑投影范围内地层符合下列条件之一应作为潜在的承压含水层考虑,并按本标准第4.3.2 条要求作抗承压水稳定性验算,验算结果不满足要求时,宜进行针对性补充勘察,必要时可通过现场抽水试验确认其承压性。

1) 潜水水位以下的砂土、粉性土,其上覆盖层为黏性土。

2) 夹大量粉性土、砂土的黏性土,静力触探试验显示锥尖阻力曲线(双桥静力触探)或比贯入阻力(单桥静力触探)曲线尖峰明显。

3) 存在砂土、粉性土透镜体。

4.3.3 当开挖深度距离含水层层顶小于1.5 m时,安全水位埋深按开挖面下1.0 m考虑。利用公式(4.3.3-1)和公式(4.3.3-2)可计算不同开挖深度下的安全水位降深,进而确定按需降水的水位控制图,如图5所示。因土层天然重度的差异,公式(4.3.3-4)需要通过试算完成,也可通过平均天然重度直接计算。

基坑底板下有下翻梁时,抗承压水稳定验算中基坑开挖深度应按照下翻梁的开挖深度计算。

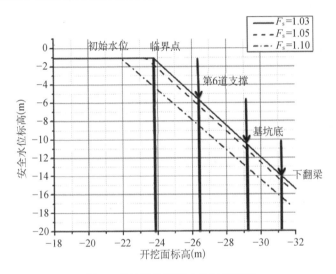

图5 基坑开挖地下水控制示意图

4.3.4 在承压水降水概念设计阶段,应综合降水目的含水层位置、厚度、截水帷幕的深度、周围环境对工程降水的限制条件、施工方法、围护结构的特点、施工面积、施工深度、场地施工条件等一系列因素,考虑减压井群的平面布置、井结构以及井深等。

依据降水井滤水管、含水层和截水帷幕的相对关系,减压降水和疏干降水均可分为封闭型降水、悬挂型降水和敞开型降水3类,其中封闭型降水和悬挂型降水均属于坑内降水,敞开型降水包括坑外降水和"形式上的坑内降水"。实际应用中,这3类降水也可组合使用,如悬挂型+敞开型降水。

1 封闭型减压降水

减压井布设于坑内,属于典型的坑内降水。截水帷幕进入承压含水层底板以下的相对隔水层中,阻断了基坑内外承压含水层之间的水力联系。其基坑总出水量可按本标准附录 B 中表 B. 0. 2 执行,应注意减压和疏干在计算中的差异。

降水井滤水管长度应综合水位降深幅度和含水层厚度确定,采用完整井或非完整井。

隔水帷幕虽然形式上完全隔断了含水层,但还存在多种因素的渗漏,如随着基坑深度的加深,截水帷幕两侧的水头差越来越大,其渗漏风险及渗漏量也越来越大。

2 悬挂型减压降水

减压井布设于坑内,属于典型的坑内降水。截水帷幕部分插入含水层中,减压井布置在基坑内部,且减压井滤水管底不超过截水帷幕底。坑内井群抽水后,坑外的承压水需绕过截水帷幕的底端进入坑内,同时下部含水层中的水垂向经坑底流入基坑,坑内承压水位降到安全埋深以下时,坑外的水位降深相对下降较小。

悬挂型降水设计时应重点关注滤水管底与截水帷幕的关系,合理设置滤水管长度,充分利用截水帷幕的挡水(屏蔽)功效,以较小的抽水流量,使基坑范围内的承压水水头降低到设计标高以下,并尽量减小坑外的水头降深,以减少因降水而引起的环境变形。

3 敞开型减压降水

如图 6 所示,敞开型减压降水包括以下 3 种情况:

1) 无截水帷幕或截水帷幕幕底浅于承压含水层层顶,如图 6(a)和图 6(b)所示,坑内外布井均可以,当基坑宽度不大于 30. 0 m 时,可坑外布设减压井、观测井和备用井为主;当基坑宽度大于 30. 0 m 时,宜坑内外联合布设减压井,坑内布设观测井和备用井。

2）如减压井布置在坑内,但降水井滤水管底端的深度超过
截水帷幕底的深度,伸入承压含水层下部,则抽出的地
下水一部分直接来源于截水帷幕以下的水平径向流,使
基坑外侧承压含水层的水位降深增大,降水引起的环境
变形也增大,失去了坑内减压降水的意义,成为"形式上
的坑内减压降水",如图 6(d)所示。

3）截水帷幕部分插入含水层中,减压井布置在基坑围护体
外侧,如图 6(c)所示。为保证坑外减压降水效果,减压
井过滤器底不浅于截水帷幕底。否则,坑内地下水需绕
过截水帷幕底端后才能进入坑外降水井内,抽出的地下
水大部分来自坑外的水平径向流,导致坑内水位下降缓
慢或降水失效,同时使基坑外侧承压含水层的水位降深
增大,降水引起的环境变形也增大。换言之,坑外减压
降水必须合理设置减压井滤水管的位置,减小截水帷幕
的挡水(屏蔽)功效,以较小的抽水流量,使基坑范围内
的承压水水头降低到设计标高以下,尽量减小坑外水头
降深与降水引起的环境变形。

本市不提倡选用敞开型降水,符合以下条件之一时,可酌情
选用敞开型降水:① 降深幅度小,局部短时降水;② 环境保护要
求低。

4 悬挂型+敞开型联合减压降水

当现场客观条件不能完全满足前述关于悬挂型减压降水或
敞开型减压降水的选用条件时,可综合考虑现场施工条件、水文
地质条件、截水帷幕特征以及基坑周围环境特征与保护要求等,
采用分层降水原则,选用合理的联合减压方案。

4.3.5 本市涉及承压水控制的工程,除封闭型降水工程及不涉
及环境影响分析的敞开型降水工程外,原则上均应建立三维非稳
定地下水渗流数学模型和数值模型,进行降水相关分析。

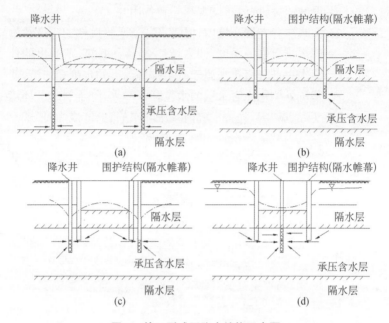

图6　敞开型减压降水结构示意图

在建立和使用三维非稳定地下水渗流数学模型和数值模型时,应注意以下事项:

1 地层概化原则:对降水目的含水层一般按勘察报告的分层,与其水力联系弱的地层可适当合并。对较厚的降水目的含水层,勘察报告中未分出的黏性土薄层等水力特性有较大差异的粉性土层,根据经验,预期对渗流场有较大影响时,宜予细分。

2 定水头边界:定水头边界与基坑边界的距离,应根据含水层的水力特性和水位降深幅度要求综合确定。对黏质粉性土,定水头边界与基坑边界的距离不宜小于600.0 m;对砂质粉性土,定水头边界与基坑边界的距离不宜小于1 200.0 m;对粉砂,定水头边界与基坑边界的距离不宜小于1 800.0 m;对细砂、粗砂及砾石,定水头边界与基坑边界的距离不宜小于3 000.0 m。

3 模型纵向剖分:应根据截水帷幕深度、地层分布、滤水管长度对目的含水层进行细分。

  4 初始水位:承压含水层的初始水位,应根据实测水位取值。

4.3.6 本条中的井数计算不含备用减压井和观测井。

4.3.7 封闭型减压降水因受截水帷幕施工质量因素的影响,管井的布设存在较多偶然性,本条定了一个较为原则的布设方法,实际布设应综合含水层厚度、渗透系数、降水幅度等因素确定,施工前应通过验证试验复核。

  近年来,全国各地出现了一部分利用水平截水帷幕控制地下水的工程,其中有成功的案例,也有比较失败的案例,失败工程中失败的主要原因是水平截水帷幕截水能力出现较大的偏差,局部截水能力存在较大的不确定性。

  水平截水帷幕的作用是改良原含水层的渗透性,减少基坑的竖向补给。目前,采用水平截水帷幕设计的工程主要包括以下几类:

  1)沉降敏感区域,在有效保障基坑安全的同时必须有效控制坑外水位降深。

  2)在涌水大的区域,减少基坑涌水量,减少市政排水能力,减少电耗。

  3)从水资源保护角度出发,减少水资源浪费。

  开展水平截水帷幕地下水控制设计时的基本原则:水平截水帷幕底下部的承压水顶托力不大于截水帷幕底以上的土压力。

  图7(a)和图7(b)为承压含水层中设置水平止水帷幕后的流场变化图。图7(c)和图7(d)为潜水含水层中设置水平止水帷幕后的流场变化图,在水平截水帷幕底下部原潜水含水层变成了局部性的承压水,水平截水帷幕底下的地下水顶托力不大于帷幕底以上的土压力,如截水帷幕底下部的承压水顶托力大于帷幕底以上的土压力,则仍须考虑帷幕底下部地下水的降水,不符合水平截水帷幕地下水控制设计的原则。

  水平截水帷幕地下水控制设计包括水平截水帷幕底埋深的

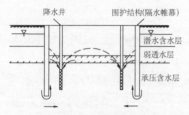

(a) 承压含水层悬挂式帷幕+坑内降水

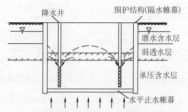

(b) 承压含水层悬挂式帷幕+水平
截水帷幕+坑内降水

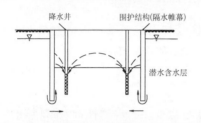

(c) 潜水含水层悬挂式帷幕+坑内降水

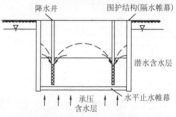

(d) 潜水含水层悬挂式帷幕+水平
截水帷幕+坑内降水

图 7　深厚含水层悬挂式帷幕模式

确定、基坑涌水量的估算和水平截水帷幕厚度的确定(图 8)。

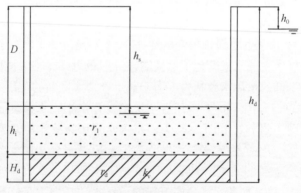

图 8　计算模型示意图

1　水平截水帷幕底埋深的确定

水平截水帷幕底埋深确定原则:水平帷幕形成后,帷幕底下部承压水在基坑开挖至底过程中无需降压。水平截水帷幕底埋深值可按下列公式计算：

$$F_s = \frac{P_s}{P_w} = \frac{\gamma_i(h_d - D - H_d) + \gamma_d \times H_d}{\gamma_w \times (h_d - h_0)} \tag{1}$$

$$h_d = \frac{\gamma_i(D + H_d) - \gamma_d \times H_d - F_s \times \gamma_w \times h_0}{\gamma_i - F_s \times \gamma_w} \tag{2}$$

式中：P_s——水平截水帷幕底面至基坑底间的上覆土压力（kPa）；

$\quad P_w$——初始状态下（未减压降水时）水平截水帷幕底面的承压水顶托力（kPa）；

$\quad D$——基坑开挖深度（m）；

$\quad H_d$——水平截水帷幕厚度（m）；

$\quad h_0$——初始水位埋深（m）；

$\quad h_d$——水平截水帷幕底埋深（m）；

$\quad \gamma_w$——水的重度（kN/m³），取 10 kN/m³；

$\quad \gamma_i$——水平截水帷幕顶面至基坑底面间各分层土层的平均重度（kN/m³）；

$\quad \gamma_d$——水平截水帷幕加固体的平均重度（kN/m³）；

$\quad F_s$——抗承压水稳定性系数，宜按 0.95～1.10 取值。

2　降水涌水量的确定

不考虑竖向截水帷幕的水平渗漏及降雨补给量，只考虑水平帷幕底的垂向补给时，降水涌水量计算可按公式（4）计算。

$$v = k_v \frac{h_s - h_0}{H_d} \tag{3}$$

$$Q = v \times A = k_v A \frac{h_s - h_0}{H_d} \tag{4}$$

式中：Q——基坑涌水量（m³/d）；

$\quad k_v$——水平截水帷幕加固体的垂向渗透系数（m/d），经加固体改良后的垂向渗透系数可按原土层垂向渗透系数的 5%～10%取值；

v ——地下水渗流速率（m/d）；

A ——水平截水帷幕面积（m²）；

h_s ——水平截水帷幕上含水层地下水位埋深（m）。

3 水平截水帷幕厚度的确定

水平截水帷幕厚度的计算目前无明确好的方法，可按 3.0 m～8.0 m 考虑。厚度的取值直接影响基坑涌水量的大小，因此也可通过预设基坑涌水量的大小确定截水帷幕的厚度。水平截水帷幕厚度可按下式计算：

$$H_d = \frac{k_v A (h_s - h_0)}{Q} \tag{5}$$

4.3.8 减压井单井流量差异往往决定着事故危害大小及处置难度的差异，因此本条按单井流量的差异进行了备用井的差异设置。

4.3.9 坑外管井的壁厚在满足刚度和强度基础上，可适当降低 1 mm～2 mm。

减压井滤水管长度的设计受含水层特性、含水层厚度、围护深度、降压幅度、基坑形状、环境保护要求、施工条件、施工工艺等多方面因素影响，应根据工程经验或现场试验确定。如无相关资料，初步设计时悬挂型减压井的滤水管长度可参照表 1 确定；含水层厚度小于建议值时，应按完整井考虑；多层土性相差较大的含水层上、下连通时，下部降水目的含水层的滤水管长度可酌情折减。

表 1 悬挂型减压井滤水管长度建议表

承压含水层土性	坑内降深 <5 m	坑内降深 ≥5，<10 m	坑内降深 ≥10，<20 m	坑内降深 ≥20 m	坑底临近承压含水层顶或已揭露
黏质粉性土	≥6	≥8	≥10	≥12	≥坑底下 15 m
砂质粉性土	≥5	≥6	≥8	≥10	坑底下 12 m～15 m

承压含水层 土性	坑内降深 <5 m	坑内降深 ≥5,<10 m	坑内降深 ≥10,<20 m	坑内降深 ≥20 m	坑底临近承压含 水层顶或已揭露
粉砂	≥4	≥4	≥6	≥8	坑底下 10 m~12 m
细砂、粗砂	≥3	≥3	≥4	≥6	坑底下 10 m~12 m

减压管井的构造设计中,应重视止水封闭层的设计。对于井壁冒水风险大的坑内管井,可在黏土球回填后,在黏土球以上采用细石混凝土回填或压密注浆至基坑坑底下 1.0 m~2.0 m。

4.4 地下水回灌

4.4.1 地下水回灌类型的划分可参照图 9 执行。根据回灌目的含水层的差异,可分为承压水回灌和潜水回灌;根据回灌目的的差异,可分为基于环境控制的回灌和基于水资源保护的回灌;根据截水帷幕功效发挥的差异,可分绕流补偿性回灌和渗透破坏补救性回灌;根据回灌管井布设方式的差异,可分为"点"保护回灌

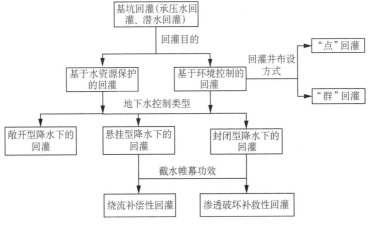

图9 工程地下水回灌分类

和"群"保护回灌；根据工程地下水控制类型差异，可分为敞开型降水下的回灌、悬挂型降水下的回灌和封闭型降水下的回灌。

回灌类型的差异决定了回灌井平、剖面的设计和回灌运行控制方式的选择。

1　承压水回灌和潜水回灌

同等土性条件下，潜水回灌的单位回灌量一般大于承压水回灌的单位回灌量，相应运行控制也相对简单。目前，在上海等软土地区，由于潜水含水层基本被隔断，因此本标准所述回灌基本上是指承压水管井回灌，潜水回灌可借鉴执行。

2　基于水资源保护的回灌和基于环境控制的回灌

回灌目的的差异直接影响回灌运行控制方式的选择。

1）基于水资源保护的基坑工程地下水回灌，其主要目的是在保证基坑安全的同时减少水资源浪费，保护水资源平衡，以及解决基坑降水过程中外排水量大而导致的市政排水问题。基于水资源保护工程地下水回灌与常规水资源型回灌的差异主要在于工程地下水回灌需分析回灌对工程区内水位及建（构）筑物区水位的影响。因此，该类型回灌遵循以下原则：最大量将原外排地下水回灌至原地层中，同时确保基坑内水位控制在安全水位内。

2）基于环境控制的工程地下水回灌，其主要目的是在保证基坑安全的同时，减少坑外保护建（构）筑物处因地下水变化引起的地层扰动，减少对周边环境的影响，其主要分析指标是地下水位。该类型回灌遵循以下原则：在保证工程区内水位满足工程安全要求的同时，控制保护建（构）筑物区地下水位变化最小。超灌与少灌均不利于环境变形控制。

3　敞开型、悬挂型和封闭型降水下的回灌

1）敞开型降水下的回灌

无截水帷幕，或截水帷幕未进入降水目的含水层，或截水帷幕部分进入降水目的含水层时的地下水回灌,工程区下部含水层区域与工程区外部含水层无分界,管井回灌对工程区域内的水位抬升作用比其余两类更为明显,其运行控制难度相对较高,期间必须合理设置观测井,避免其受回灌井回灌影响而不能真实反映实际水位。该类型回灌井井深,可超过降水井井深。

2)悬挂型降水下的回灌

截水帷幕部分进入目的含水层时的地下水回灌。因截水帷幕的作用,工程区下部目的含水层区域与工程区外部含水层存在明显的分界,但绕流或截水帷幕缺陷等作用的存在使得回灌对工程区域内的水位抬升作用仍较为明显。由于截水帷幕插入深度、管井(降水井和回灌井)结构、基坑形状、管井距离及水文地质条件等因素的共同影响,抽灌状态下的地下水渗流流态差异较大。该类型回灌在实际工程中应用较为普遍,其地下水流态变化也相对复杂,在回灌优化设计中对管井结构的选择是本类型回灌的一个重点。回灌井井深原则上不超过截水帷幕底,当回灌井位置与截水帷幕位置相距一定距离后,回灌井井深可按超过截水帷幕底设计,相应距离应通过渗流分析获得。

3)封闭型降水下的回灌

截水帷幕完全进入目的含水层时的地下水回灌。原则上,坑内降水不影响坑外水位下降,坑外回灌也不影响坑内水位的抬升,但存在以下几种情况时可考虑采用回灌措施:①因含水层下部弱透水层的存在,使得坑外水位下降而引起坑外保护建(构)筑物的变形;②截水帷幕截水性差,存在缺陷,进而导致坑外水位下降而引起坑外保护建(构)筑物的变形;③为保护地下水水资源或解决市政排水。

4 绕流补偿性回灌和渗透破坏补救性回灌(图 10)

1)绕流补偿性回灌

降水时因截水帷幕的作用,地下水水流从截水帷幕底部进入基坑内侧,截水帷幕大大增加了水力传导路径,减小了坑内出水量,但因绕流作用,坑外水位仍有一定下降,为抬升坑外水位而进行的回灌,可称为绕流补偿性回灌。

2）渗透破坏补救性回灌

因截水帷幕缺陷而引起坑内外地下水的水平渗流补给,进而引起坑外水位下降,为抬升坑外水位而进行的回灌,可称为渗透破坏补救性回灌。该类型回灌必须严格控制回灌水头及回灌井位置,避免因回灌引起截水帷幕缺陷扩大化,以及二次不利变形的发生。

以上两类回灌在实际工程中往往同时存在,回灌设计时必须分析坑外水位下降的主因,并在此基础上有针对性地进行管井设计,避免二次不利事故的发生,有效完成回灌目的。

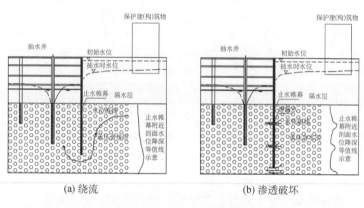

图10　深基坑降水绕流及渗透破坏示意图

5 "点"保护回灌和"群"保护回灌

1)"点"保护回灌布设

"点"保护回灌布设是指针对重点保护的建(构)筑物可实施包围性的回灌井布设,回灌井紧邻保护建(构)筑物。图 11(a)所示为典型的"点"保护回灌布设。

"点"保护回灌布设针对性强,回灌井数量设置相对较少,坑内抽水增加量相对较小,但基坑外围水位抬升不均匀,易形成较大的差异沉降,同时对于回灌井成井及运行控制的难度相对较大。

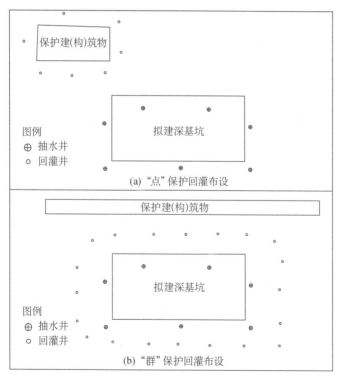

图 11 回灌井井位布设示意图

2）"群"保护回灌布设

"群"保护回灌布设是指因周边重点建（构）筑物多或范围广，针对重点保护的建（构）筑物沿基坑周边布设回灌井。图11(b)所示为典型的"群"保护回灌布设。

"群"保护布设可整体上保证回灌水墙外围水位的抬升，存在的主要问题是基坑周边环境复杂，无回灌井成井位置，因而使得设计中的封闭水墙往往形成缺口，影响回灌效果，同时该类回灌将大大增加基坑内的抽水量且回灌井数量也较多。

4.4.2 任何类型的地下水回灌都应首先确保工程区内水位控制在安全水位内。渗透破坏补救性回灌应严格控制回灌水头及回灌井位置，避免因回灌引起截水帷幕缺陷扩大化，以及二次不利变形的发生。

工程降水与回灌一体化管控中的运行管路设计和水质处理设计可参照图12执行。

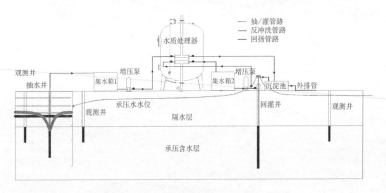

图12 降水与回灌一体化运行示意图

4.4.3 回灌井的布设应考虑后期施工的可行性，同时应符合下列规定：

1 回灌井与降水井间应确保一定距离，控制井间水力梯度，避免出现水力串通现象。

2 回灌井与观测井间应确保一定距离,控制井间水力梯度,避免出现水力串通现象,确保观测井真实反映含水层水位。

3 回灌井井周水力梯度较大,保护建(构)筑物距离太近,可能引起明显的差异变形。

4 回灌井与截水帷幕距离太近易引起截水帷幕的二次不利变形,特别是针对渗透破坏补救性回灌,缺陷的渗透通道易扩大。

本条中回灌井、观测井、降水井滤水管所处的含水层为同一含水层。

4.4.4 在初步设计阶段,当保护对象水位抬升要求在 2.0 m 以内时,回灌井间距宜按 20.0 m 考虑;当水位抬升要求在 2.0 m～5.0 m 时,回灌井间距宜按 15.0 m 考虑;当水位抬升要求超过 5.0 m 时,回灌井间距宜按 10.0 m 考虑。

回灌井的设计是基于地下水流态的再分布设计,工程建设过程中,地下水水流在局部区域受到了改变,这种变化即包括含水层平面上也包括含水层不同深度处的变化,而水位的变化将引起含水层上、下弱透水层的水头变化和土层的变形,影响建筑基础持力层及其下部含水层的水位变化,进而引起建(构)筑物的变形。因此,回灌设计时应掌握降水引起建(构)筑物变形的主要原因(引起其变形的主要土层),在此基础上发现流态变化的规律,通过回灌设计,控制目的含水层地下水的流态,提高回灌功效,消除或减少土层的总变形量。

4.4.5 回灌井结构应结合回灌性能要求开展相应设计。

1 滤水管设计应综合考虑含水层渗透系数各向异性、截水帷幕插入含水层深度、截水帷幕与回灌管井的距离、受保护建(构)筑物和回灌井距离、含水层上、下弱透水层的压缩性、保护建(构)筑的基础形式等因素确定。

2 回灌井井管内径不宜小于 200 mm,但受场地限制,部分工程只能打设小孔径的回灌井。该类型回灌井,宜在打设 2 口～3 口井后,开展回灌试验,以进一步确认回灌井的布设。

5 止水封闭段指滤料以上的黏土球、瓜子片＋注浆等,其中瓜子片＋注浆段也可替换成灌注混凝土,对于无压回灌,黏土球上部可直接回填黏性土。止水封闭的目的是防止回灌期间地下水的串层污染和保障一定量加压回灌时回灌井井壁不发生冒水现象。

回灌井应确保流量和水位的监测,对于加压回灌的,应确保其具有可靠的密封性。回灌井井帽可参照图 13 设计。

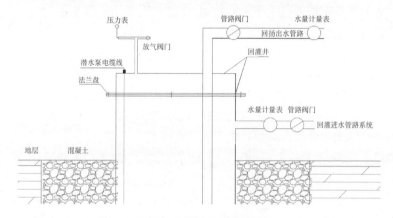

图 13　回灌井井帽示意图

4.4.6 在加压回灌过程中,压力控制不当会出现回灌井井壁冒水的现象。其原因可能包括以下几点:井壁回填不密实、止水封闭段封闭效果差、含水层至地面有管道存在。该种情况下,回灌水头超过地面即开始冒水;回灌井井壁水压力超过上覆土压力后出现突涌现象;黏土球底部因回灌水头的增加发生剪切破坏和拉伸破坏,逐渐形成垂向裂隙,最终发展至地面,出现冒水。

本标准中所指的回灌压力是指高出井口的水压力,即安装在井口压力表的读数。

考虑施工因素,为避免或减少回灌井井壁冒水的现象,条文提供了回灌压力控制的计算公式。本市第Ⅰ承压含水层层顶埋深一般约为 30.0 m 的区域,针对第Ⅰ承压水的回灌压力不宜超过 0.1 MPa,建议设计值可取 0.06 MPa;第Ⅱ承压含水层层顶埋深一般约为 60.0 m 的区域,针对第 Ⅱ 承压水的回灌压力不宜超过 0.2 MPa,建议设计值可取 0.13 MPa。

4.4.7 管井单位涌水量(q_c):抽水井井内水位下降 1 m 所对应的管井平均出水量。通过该参数可计算出单井涌水量,对于工程本身具有较大的实际意义。

管井单位回灌量(q_h):回灌井井内水位上抬 1 m 所对应的平均回灌量。它是回灌设计中的关键参数,一般的水文地质勘察报告不会提供,在实际工程设计中可借鉴管井单位涌水量 q_c 计算。理论上 $q_h \approx q_c$,但抽水与回灌时井壁四周的受力特征差异性较大,且 q_h 受施工的影响变幅也相对较大,因此回灌设计时单位回灌量可按下式计算:

$$q_h = \eta q_c \qquad (6)$$

式中:η——阻力系数比,为保证设计的安全性,该值可取为 1/3~1/2,渗透系数大时可取较大值。

在条件允许的情况下,应通过单井 3 次定流量回灌试验确定管井单位回灌量。

4.4.8 K_a 值的选取应根据土层特征及施工工况确定,不宜小于 1.3,即回灌井的备用井数量不应少于满足回灌需要井数的 30%,且不应少于 1 口。

4.5 降水监测

4.5.1 本条所指监测内容主要是指由降水单位施工并实施监测的内容,主要是承压水位的观测。潜水水位观测和其他方面的监测内容宜由监测单位负责实施。

4.5.3 封闭型减压降水工程,周边环境保护等级为一级时,坑外承压水位观测井间距宜为 20.0 m～30.0 m;其他环境保护等级时,坑外承压水位观测井间距宜为 30.0 m～50.0 m;截水帷幕侧向渗漏风险大时,坑外承压水位观测井间距宜为 20.0 m～30.0 m。

4.5.5 相应区域的地表沉降、建(构)筑物变形监测按现行上海市工程建设规范《基坑工程施工监测规程》DG/TJ 08—2001 和《地面沉降监测与防治技术标准》DG/TJ 08—2051 的规定执行。对临近的地铁区间隧道等地下构筑物,应布设孔隙水压监测孔和分层沉降监测孔测量地铁区间埋深范围内土体和降水目的含水层中的水位变化及土体沉降。孔隙水压监测孔和分层沉降监测孔应配套使用,数量不应少于 3 组。

4.6 环境分析

4.6.2 降水引起的地层变形预测计算可以采用分层总和法。但与建筑物地基变形计算时的分层总和法相比,降水引起的地层变形有着明显的差异,主要表现在以下两个方面:

　1)附加压力作用下的建筑物地基变形计算,土中总应力是增加的。地基最终固结时,土中任一点的附加有效应力等于附加总应力,孔隙水压力不变。降水引起的地层变形计算,土中总应力基本不变。最终固结时,土中任意点的附加有效应力等于孔隙水压力的负增量。

　2)地基变形计算,最大附加有效应力在基础中点的纵轴上,基础范围内是附加应力的集中区域,基础以外的附加应力衰减很快。降水引起的地层变形计算,土中的最大附加有效应力在最大降深的纵轴上,也就是降水井的井壁处,附加应力随着远离降水井逐渐衰减。降水引起的地层变形计算,附加应力从初始地下水位向下沿深度逐渐增加。降水后的地下水位以下,含水层内土中附加有效应力也会发生改变。

5 降水施工

5.1 一般规定

5.1.2 通过编制降水工程专项施工方案领会设计意图、消化设计图纸,并根据设计文件等结合现场实际的作业条件、工况选择合理的施工工艺,判别施工作业的难点与风险,引导现场作业过程控制与质量验收,并形成全局性的组织和策划,是保障施工作业质量、降低施工作业安全风险的纲领性措施。强调作业前应先编制降水工程专项施工方案,并在专项施工方案通过审查、审批后方可施工,意在扭转现阶段一些施工队伍拿着设计文件不经消化、策划以及交底就机械式地组织施工的乱象,真正地提高降水工程施工质量。

5.1.3 施工作业现场应确保通水、通电、通路与场地平整的相关要求。降水施工作业场区内常见的安全隐患有:邻近的高空高压电线、埋地电缆、无围护的基坑临空面、其他无防护的高空作业等。对于这些安全隐患,应采取消除措施,如临时断电、隔离;无法消除时,应避让或防护。

降水井施工对施工作业条件要求较高,应当避免与一些干扰作业工序同时施工。例如,降水井成井施工应在地基加固完成后实施,防止地基加固破坏已施工完毕的降水井;基坑工程中的管井应在土方开挖、垂直运输完成后拆除,防止发生土方坍塌掩埋人员、土方坠落砸伤人员的事故发生。

考虑到一些工程项目工期紧张,不得不同步施工时,应考虑保持合理的安全作业距离。如降水井成井施工与正在施工的地基加固,安全作业距离不宜小于 50.0 m。

靠近保护性地下管线、建（构）筑物成井施工作业时，应防止成孔过程中破坏地下管线、建（构）筑物，可采取埋设深度超过地下管线、建（构）筑物底部的护筒来降低成井施工破坏地下管线的概率；降水运行过程中，应控制保护性管线、建（构）筑物处的地下水位，防止诱发过度变形造成管线断裂、建（构）筑物开裂等，可采取回灌、隔离、加固、同步注浆等多种措施。因此，在降水施工作业过程中应根据不同阶段的特点，分别评估相应的施工作业造成的影响并采取合理的处理、防护措施。

5.1.4 试成孔的目的是核验地层资料，检验所选的成孔施工工艺、施工技术参数以及施工设备是否适宜。一般需通过试成孔2口进行对比检验，根据试成孔的结果，对选用的施工工艺进行确认、完善或调整，并熟悉、掌握施工操作要点。如成孔过程发现地层与勘察报告存在明显的偏差，应报勘察单位和设计单位进行分析，根据分析结果判断是否做补充勘察。

5.1.6 本市文明施工要求较高，部分施工队伍为了减少排浆量而向市政管道偷排泥浆，造成了市政管道堵塞的现象；部分降水工程抽排出的地下水含砂量过大，不经过三级沉淀后排入市政管道也会造成市政管道堵塞，影响城市排水。因此，本标准强调应加强施工作业过程中泥浆、抽排出的地下水有组织排放和处理，减少不规范施工作业造成的社会影响。泥浆宜采用干化处理后外运。

5.2 管 井

5.2.2 本标准主要介绍本市常见的正循环和反循环钻进方法，目前本市工程降水回转钻机型号较多，工程选用时应确认钻机是否能满足孔径、孔深和垂直度的要求，表2中列举了回转钻进中几类常见设备及其适用条件。本市反循环回转钻进常用于成孔深度大于60.0 m的管井施工。近年来，全套管成井工艺在应急抢险工程或特殊工程中也有着较多的应用。

表 2　回转钻进中的两类钻进方法及常用设备

钻进方式	岩土破碎形式	适用孔径（mm）	冲洗介质循环方式	切削刀具	适用地层	常用设备型号	适用井深（m）
回转钻进	全断面破碎钻进	＜1 000	正循环	鱼尾钻头、三翼刮刀钻头、牙轮钻头	黏性土、粉性土、砂土、软岩	牧野-100 GPS-10 ZR1800	＜30 ＜70 ＜80
		≥600	反循环	三翼刮刀钻头、牙轮（滚刀）钻头	黏性土、粉性土、砂土、碎石土、软岩、岩层	GPS-20、HFLD300 ZR1800 等	＜150（气举） ＜90（泵吸）

5.2.6　成井施工期间,总承包施工单位和监理单位应共同实施全过程旁站监督。

5.2.8　开孔孔径应按照设计要求执行,开孔前宜在孔四周取4个点,对角两点连线距离大于开孔直径,两线交点与孔位中心重合,固定孔位,尽量采用人工开孔,确保位置的准确,误差偏差较小。开孔时应轻探慢挖,孔位应挖至原状土,并用钢钎捣插,确保孔位下部无浅埋的管线及障碍物,保证施工安全和人身安全,避免不必要的社会影响事故,如各类型信号中断、煤气外放事故、大面积停电等。

埋设护筒时必须插入原状土层中,护筒的埋设利于防止孔口坍塌、保障成孔垂直度、保持孔内浆液高度、减少成井施工作业对周边环境的影响。应防止钻进后护筒掉入孔内。

5.2.9　钻机就位平整是成孔保证垂直度的关键步骤。安装钻机时,为了保证孔的垂直度,机台应安装稳固水平,大钩对准孔中心,大钩、转盘与孔的中心三点成一线,严把开孔关,钻头与钻杆连接处带2根钻铤,并且弯曲的钻杆不得下入孔内。

5.2.10　正循环钻机的工作原理如图14所示。钻机由电动机驱动转盘带动钻杆、钻头旋转钻孔,同时开动泥浆泵对泥浆池中泥浆施加压力使其通过胶管、提水笼头、空心钻杆,最后从钻头下部两侧喷出,冲刷孔底,并把与泥浆混合在一起的钻渣沿孔壁上升经孔口排出,流入沉淀池。钻渣沉积下来后,较干净的泥浆又流回泥浆池,如此形成一个工作循环。

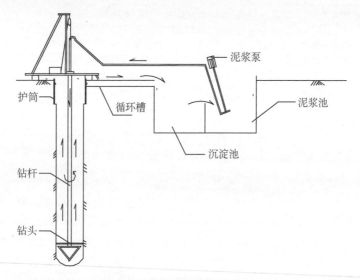

图 14　正循环钻机工作原理图

正循环钻进参数应符合表 3 的规定。钻进至较密实的砂土层或软岩层,可以适当加大钻压;或换用小钻头先钻入一定深度后再换用大钻头继续钻。

表 3　正循环成孔钻进控制参数

钻进参数	转速 (r/min)	最小泵量(m³/h)	
		孔径≤800 mm	孔径>800 mm
粉性土、黏性土	40～70	100	150
砂土	40	100	150
软岩	20～40	100	150

清孔时,在孔口取样检测泥浆性能指标和孔底沉渣厚度符合表 4 的规定后可停止清孔。

表4　清孔后泥浆性能指标和孔底沉渣厚度

序号	项目	技术指标	检测方法
1	泥浆比重	1.05~1.08	泥浆比重计
2	泥浆粘度	17 s~20 s	漏斗粘度计
3	泥浆含砂率	<2%	含砂率计
4	孔底沉渣厚度	≤200 mm	用沉渣仪或测锤测定

5.2.11 反循环钻机的工作原理如图 15 和图 16 所示。这类钻机工作泥浆循环与正循环方向相反,夹带杂渣的泥浆经钻头、空心钻杆、提水笼头、胶管进入砂石泵或直接排出流入泥浆池中,而后泥浆经沉淀后再流向孔井内。

反循环施工过程中应特别注意补浆和排浆的平衡,防止排浆量大于补浆量引起塌孔。

地面循环系统有自流回灌式和泵送回灌式 2 种。

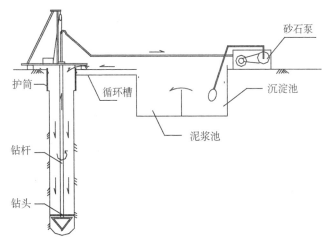

图 15　泵吸反循环成孔原理示意图

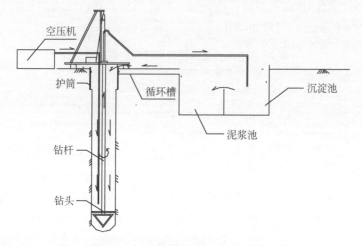

图 16　气举反循环成孔原理示意图

5.2.13 沉没比按下式计算确定(图 17):

$$m = \frac{H_0}{H_0 + h} \tag{7}$$

式中:m——沉没比;

　　H_0——风包埋入深度(m);

　　h——升液高度(m)。

若发现空气压力表表压突然增大或突然降低,孔壁间隙冒泡,表压大幅度降低且排水量减少或不排水等情况,应及时停钻检查或提钻处理。

5.2.14 圆孔滤水管部位应先包垫网或垫筋,再包纱网;桥式滤水管和缠丝滤水管可直接包纱网或不配置纱网;纱网包扎范围超出滤水管上、下端不应少于 200 mm,垫网及纱网应用铁丝扎紧,铁丝的间距不宜大于 300 mm。

扶正器用于保障井管垂直度,并确保滤水管与孔壁的间隙,使回填滤料的厚度能够有保障。每组扶正器宜设置 3 个~4 个扶

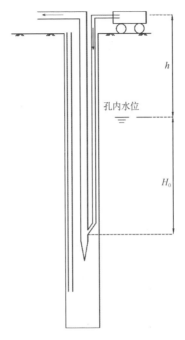

图 17　沉没比计算示意图

正环。扶正环可选用扁钢条制作的弓型耳环或方木条等,弓凸部或方木条的竖向长度一般为 200 mm～300 mm,材料切线方向的水平宽度不宜小于 40 mm,以防嵌入孔壁,影响居中效果。扶正器安装后的水平宽度以其外缘所构成的以井管中心为圆心的直径小于钻孔孔径 50 mm 为宜。

对于部分需暗埋至路面下的坑外井,需做好井口防明水倒灌措施。

5.2.15　滤料应单独存放,混入其他材料的滤料严禁使用;滤料回填应注意回填的均匀性,禁止单侧回填,同时应监测滤料回填高度,回填量和回填深度两个参数中应以回填深度为准,避免串层。滤料回填应采用动水回填,即在回填滤料时通过钻杆或其他设备在底部滤水管部位持续小流量注入低比重、低粘度的泥浆,使回填的滤料沉淀过程处于一种动态悬浮状态,这样能使滤料回填更加均匀,同时使得地层中的细小颗粒在动水作用下远离滤水管,减少出砂的现象(图18)。

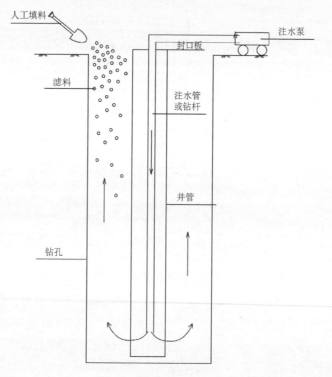

图 18　动水回填示意图

5.2.17　洗井方法应根据井深、含水层特性、管井结构及井管强度等因素选用,也可采用多种工艺组合洗井。疏干含水层中具有较厚的粉性土或砂土时,洗井应按减压井标准执行。

洗井是管井成井工艺中最后和关键的一道工序。洗井的好坏直接影响管井出水量的大小。对于使用时间较久的管井,由于泥沙淤塞、化学腐蚀、结垢和堵塞等原因,造成管井出水量减少,也可采用洗井的方法恢复和增大管井的出水量。

洗井的方法基本上可分为机械洗井和化学洗井两大类。机械洗井主要包括活塞洗井法、空气压缩机洗井法和水泵抽压洗井法等，化学洗井法主要包括多磷酸钠盐洗井法、液态 CO_2 洗井法、盐酸洗井及其他化学洗井方法。目前，上海大部分工程采用活塞洗井和空气压缩机洗井这两种机械洗井法，在破除井壁泥皮的作用方面，活塞洗井明显优于空气压缩机洗井，这是标准中强调减压井采用活塞洗井的原因。

5.2.18 活塞洗井的原理是利用活塞拉升形成负压，吸附地层中的水快速涌入管内，达到冲击孔壁泥皮，清洗滤料中泥浆及细颗粒土，使整个过滤段透水通畅的目的。

5.3 轻型井点

5.3.8 孔、真空管路系统任何部位出现漏气现象都会影响真空效果。通过试抽水进一步检查真空设备运行状态，软管、硬管接口的密封性和黏性土封孔的止漏效果，有利于发现问题并及时处理。

5.4 喷射井点

5.4.7 喷射井点启动前期排出的水一般含地层砂较明显，对喷嘴磨损较严重。因此，在喷射井点施工完成后应勤换循环水，减少循环水的含砂量，通过反复循环使喷射井点最终出水清澈并达到疏通滤料的效果。

6 验证试验

6.1 一般规定

6.1.1 验证试验应为后期降水运行做预演,提前暴露并消除风险是验证试验的最终目的。验证试验应完成于降水运行前,基坑工程验证试验应完成于基坑开挖前。为突出验证试验的重要性,本标准将其单列一章进行规定说明。

涉及较厚粉性土、砂土的疏干降水也宜开展降水验证试验,用以分析和评估截水帷幕截水性。

根据降水工程实施阶段和施工内容的差异,验证试验宜分成3个阶段,当试验井少于 5 口时,中期验证试验可省略。

6.1.2 单井验证采集的数据为流量和动水位,对单位涌水量小于同类井平均单位涌水量 30% 的管井,应做好补救措施和应急措施。轻型井点和喷射井点在井点完成后开展试抽水试验,进行系统的调试。

6.1.4 不满足设计要求时,应完成补充措施后再次开展验证试验,直至试验成果满足设计要求。

6.2 试验要求

6.2.1 当抽水出现断流时,应更换为较低流量的抽水泵;当坑外回灌井和观测井需考虑抽水对环境的可能影响时,可采用低流量泵进行抽水,抽水时间可按 2 h~3 h 考虑。

6.2.2 静水位动态观测应监测水位的日变化,确定水位日变幅和最不利水位。当日变幅超过 0.5 m 时,观测井水位监测频率不应低于 1 次/2 h。

6.2.3 水位观测井应提前施工完成。

6.2.4 中期抽水验证试验使用的抽水泵额定流量过小,可能会导致观测井水位降幅不明显,影响计算精度;同时也不利于分析抽水井实际的出水能力。下泵深度过浅,抽水井内水位降幅过小会导致排水量偏低;因此,规定下泵深度也是为了在抽水泵满足设计要求的同时尽可能真实反映抽水井实际的出水能力。

6.2.5 每阶段抽水验证试验可在观测井水位降深达到设计水位降深要求后 2 h 内停止。

6.2.6 该阶段的回灌试验因受工期影响,宜采用自然回灌。

6.2.7 自然回灌是指回灌井井内水位不高出自然地面的回灌,加压回灌是指回灌井井内水位高出自然地面的回灌。回灌试验应满足一定时间,主要目的是观测回灌流量随时间的差异变化,或是压力随时间的变化,便于后期指导回灌井的回扬计划。

6.2.8 通过管井质量验收,应掌握所有管井的质量,分析预判可能出现的问题,提前采取措施。

7 降水运行

7.1 一般规定

7.1.1 降水运行交底内容应包括：降水目的及周边环境变形允许指标；按需降水的运行工况；不同层位含水层水位观测的数量及频率；保障降水安全运行的措施；运行设备的技术参数要求；应急措施等。

7.1.2 为保障降水工程的正常运行，应在基坑外围设置良好的排水设施，确保外排水的正常外排。外排设施应做好防渗处理，防止水回渗至地下，影响基坑安全。降水运行中水位指标应换算一致，确保水位数据对比的准确性，避免因井口标高不一致引起的水位预警误判。

7.1.3 搭设坑内减压井及不能割除的疏干井的操作平台，既保障了基坑施工过程中管井的稳定性，防止被碰撞后倾覆；同时，也便于施工作业人员安全安装抽水设备、量测水位等。

一般地，在混凝土支撑上搭设操作平台。在混凝土支撑施工时可根据井位提前预埋钢筋。平台可采用脚手管搭设，平台底部采用钢筋焊接成短斜撑撑在混凝土支撑侧面。

操作平台的搭设可参照图 19 设计。

管井（井点）或相关的运行设备、设施的破坏将严重影响降水运行质量，甚至带来工程风险。特别是在基坑工程中，土方开挖引起的管井（井点）破坏率非常高。这一方面需要各参建方的共同努力协助，另一方面也要采取相应的保障措施。例如，通过遮蔽井口，防止异物进入管内，加强管井（井点）标识等。遭到破坏的管井（井点），首先应修复或更换变形的井管、滤水管。当井内掉入异物时,还应清除管内的异物,并测量管内的沉淤。管内沉淤高度大于沉淀管时,一般需采取空气压缩机清除管内的沉淤。这种修复方法也适用于运行过程中沉淤过大的管井。

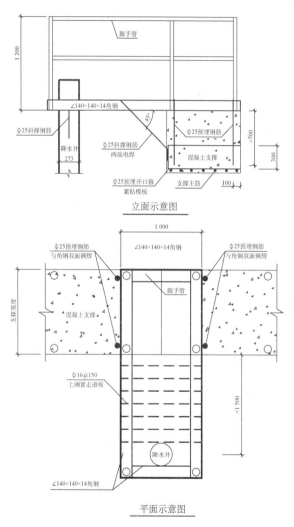

立面示意图

平面示意图

图 19　降水井作业操作平台示意图(mm)

7.1.5 管井(井点)应根据基坑回筑的工况逐步停止降水,最终应达到水土压力平衡后全部停止运行。盾构、顶管进出洞,需要等到盾构、顶管顺利进出洞完毕方可停止降水运行。降水运行终止前应由设计单位、建设单位或监理单位、施工总承包单位、降水专业单位等书面确认。

针对抗浮的泄水孔和疏干井一般是由不同单位实施的,其目的也不同,底板完成后疏干井的降水目标已完成,但考虑抗浮因素,结构设计和施工单位可根据实际工况可将部分疏干井保留,实现一定区域内原泄水孔的泄压作用。

7.1.7 降水运行的动态化管控是指在降水运行过程中建立一套可靠的决策系统,包括决策数据来源的可靠性和及时性、信息决策的可靠性和决策响应的及时性。自动化采集及各类型的管控平台均是提高其效能的一种手段。

降水运行动态管控平台宜由总包单位牵头组建,涵盖设计、监理、监测、降水、土方开挖和结构等单位,降水单位作为主要的执行单位,应配置有经验的项目管理人员和技术人员。信息化管控平台方面目前国内已有一些在线的平台综合利用地下水系统协同和智能化施工技术经过实践应用取得了良好的效果,经验值得推广应用。

目前,降水运行的信息化管控平台主要内容宜包括以下几方面:

    1) 地下水控制信息平台协同管理,全面反映现场所有井点信息,从设计方案、成井施工、运行管理、封井多维度监控管井(井点)全过程,为各方监管降水工程提供便捷、准确信息,有效闭合监管漏洞。

    2) 地下水控制现场信息的自动化采集软件系统和硬件设备,实现现场的地下水位、地下水水质、抽水流量、回灌流量、水温、设备状态自动化控制与远程可视化。

    3) 地下水控制信息智能化管理,主要包括数据信息的自动

统计分析系统、数据异常状态的自动报警系统、设备状
态智能化控制系统。

    4）多项目类比分析系统,实时对比查询类似工程的信息数
       据及管控。

降水信息的响应主要指通过硬件设备或软件将信息的异常
反馈至相应人和设备,人和设备针对反馈信息进行处理的过程。
降水运行信息在强调设备自动化响应能力的同时,目前仍需要不
断提高管理人员的响应能力。

7.2　运行准备

7.2.5　"三级配电"指配备总配电箱、分配电箱、开关箱三类标准
电箱,配电箱应作分级设置,即在总配电箱下设分配电箱,分配电
箱以下设开关箱,开关箱以下就是用电设备,形成三级配电。开
关箱应做到"一机、一闸、一箱、一漏电保护",这样配电层次清楚,
既便于管理又便于查找故障。

"两级保护"主要指采用漏电保护措施,除在末级开关箱内加
装漏电保护器外,还要在上一级分配电箱或总配电箱中再加装一
级漏电保护器,总体上形成两级保护。

所有机械电器设备均要有效保护接地或接零,电缆过路应采
取保护措施,严禁电缆铺设于泥水中。

7.2.7　对于风险性大的大流量降水工程应设置 2 台以上发电
机,并交叉供电。

7.3　疏干降水

7.3.1　基坑工程预降水工期不宜小于 15 d,但需考虑预降水对
围护变形及环境变形的影响。目前本市已有较多工程在预降水
期间出现围护侧向变形较大的问题,施工各方应引起关注。

疏干降水效果可从两个方面检验:其一,观测坑内地下水位是否已达到设计或施工要求;其二,通过观测疏干降水的总排水量或其他测试手段,判别被开挖土体含水量是否已下降到有效范围内。上述两个方面均应满足要求,才能保证疏干降水效果。

7.3.3 疏干井井管割除应在保障安全施工的前提下实施;搭设操作平台的疏干井可保持不间断降水,搭设平台数量可根据验证试验确定。

7.4 减压降水

7.4.1 减压降水运行工况表应是审批过的文档。减压运行最核心管理要求是明确当前安全水位、实时掌握当前水位,如不能实时掌握当前水位,很难实现按时、按需降水的目的,同时对于突发状况也难以有效的发出预警,宜采用水位、流量自动化监测系统和水位自动报警系统。

7.4.2 减压降水应急处置演练的目的是在出现水位异常时,如何能快速地控制水位,本标准强调断电恢复、备用井自启动和水泵快速更换对安全控制水位的重要性。为确保备用电源及备用电路的正常使用性,断电应急演练不应长于2周实施1次。

7.4.4 本市悬挂型和敞开型减压降水中承压水位恢复速率较快,如管理不当,往往会造成灾难性后果。标准对该类型降水的动态化管控提出了相应的措施要求。含有较厚含水层的疏干降水工程和封闭型基坑减压降水工程可根据验证试验成果,分析判断是否选用上述规定措施。

7.5 地下水回灌

7.5.1 降水和回灌运行工况表应是审批过的文档。降水与回灌一体化系统运行控制应对基坑内地下水位和受保护建(构)筑物区域的水位进行控制,在保证基坑内地下水位降深的前提下,减小或消除受保护建(构)筑物区域的水位变化。降水与回灌一体化系统运行控制宜参照图 20 所示执行。

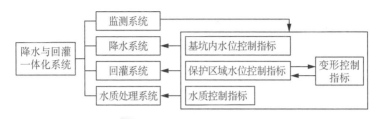

图 20 降水与回灌一体化系统运行控制图

7.5.4 管井回灌的控制模式可分为定水头回灌与定流量回灌。

定水头回灌也叫定压力回灌,是指回灌过程中回灌井内的水头高度(或回灌压力)维持不变,在运行过程中回灌井井损不断增大,流量减小,在该类型回灌过程中不会出现井壁冒水现象。

定流量回灌是指回灌过程中流入回灌井内的流量维持不变,在运行过程中回灌井井损不断增大,回灌井内压力不断增加,后期运行控制极易出现井壁冒水现象。

两种控制模式均需采用回扬措施确保回灌井内压力小于极限回灌压力及确保回灌流量的稳定性。

7.5.5 回扬设备的配置应能确保快速抽出滤水管周围堵塞物质的能力,回扬设备一般采用潜水泵。当单井流量小于 50 m³/h 时,回扬潜水泵泵量宜大于 80% 单井出水量;当单井流量大于 50 m³/h 时,回扬潜水泵泵量宜大于 50% 单井出水量。

回扬启动时,回灌压力预警值应在设计回灌压力和回灌压力增长速率基础上确定,当超过该预警值时即开启回扬泵,避免回灌井井壁冒水等破坏。

为避免回灌井抽水对环境的影响,回扬应按多次短时控制,即每次回扬应尽量短,按 5 min～15 min 考虑,回扬后停 10 min～30 min,再重复回扬,当抽出的水清时,可停止回扬,进入回灌控制模式。

在回灌水位达标的情况下,回灌回扬次数应越少越好,如上海某工程回灌回扬控制实施过程中按 1 次/月执行,回灌效果也得到了较好的保障。

7.6 管井封堵

7.6.1 管井封堵时应重点关注并合理处置那些成井质量不合格、运行过程中损坏、井位与结构冲突等的管井。

当基坑设有封堵墙时,应在先期施工的基坑靠近后浇带/施工缝处预留 1 口~2 口减压井,在封堵墙拆除、底板连通后再按要求封井。

对于共墙的相邻基坑群工程,宜在共墙处所有基坑均满足停井要求后再进行封井。

每批次管井封堵实施前,封堵单位应出具封井申请单,由总承包单位和监理单位确认签字后方可执行。

7.6.2 降水工程结束后,位于基坑内的管井可能由于封井效果不佳等原因产生渗水、管涌等险情,存档的管井(井点)竣工资料可以为险情处理方案的制定提供依据。对于坑外的减压井、观测井或回灌井,其所在区域进行地下空间开发时,需要根据相关管井的竣工资料,制定相关处理措施,避免出现相关风险。

7.6.3 底板厚度不小于 1.5 m,且流量不小于 15 m^3/h 的减压井宜按 2 道止水钢板设置。

7.6.4 管井(井点)拔出前应确定不影响底板的浇筑,方可实施。

7.6.5 当疏干水位降至开挖面下 0.5 m 时,部分未抽水的疏干井可考虑将其封闭在垫层以下。

7.6.6 当减压井水位降至开挖面以下时,部分未抽水的减压井或观测井可考虑将其封闭在垫层以下,井口应采用钢板焊接密封。针对井内水位高于基坑底的减压井不建议执行本条规定。

7.6.9 坑内减压井混凝土封堵一般应用于流量较小的减压井,

当抽干管内余水、水位仍有明显恢复时,凿除井管内 200 mm 厚的混凝土,并在管内焊烧两道内止水钢板,两道内止水钢板间浇筑混凝土,内止水钢板厚度应与钢管壁厚相同;如滤水管顶部至底板顶小于 5.0 m,则混凝土按一次浇筑至距离基坑底板顶面 100 mm 位置,并在管内焊烧两道内止水钢板。

7.7 施工监测

7.7.1 降水实施效果的判断涉及多方面的数据,施工过程中除降水单位做好相应降水内容监测外,应汇总第三方监测的相关数据综合分析;第三方监测单位应根据降水阶段的差异调整相应监测内容,确保数据分析的完整性。图 21 所示为某工程降水的监测数据汇总分析图。

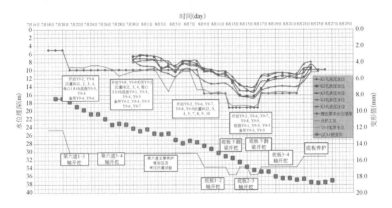

图 21 工程降水的监测数据汇总分析图

7.7.3 回灌井流量监测频率应考虑回灌井井损变化速率。

7.7.4 本条强调自动化监测数据人工校核的必要性,以减少错误。

8 工程验收

8.1 一般规定

8.1.1 目前降水工程的验收主要偏于施工质量验收,而对运行控制验收和封堵验收不够重视,本条意在突出各阶段的验收差异,以降低地下水控制风险。

8.1.2 主要材料包括井管、滤水管、滤料、黏土球等。

8.1.6 降水运行验算说明书和封井措施和步骤应经设计单位、总承包单位和监理单位确认,降水运行验算说明书应由结构设计单位提供不同阶段、不同区域、不同含水层层顶所受荷载值。

8.2 管 井

8.2.1 常规管井的垂直度按 1/100 考虑;对于管井深度超过 80 m 的坑内减压井和对于基坑开挖深度超过 40 m 的坑内减压井,其垂直度可按 1/250 考虑;对于坑外紧邻地下构筑物等的管井,应根据实际条件,设置成孔垂直度要求。含砂量(体积比)的取值应为该管井后期降水运行稳定流量下的含砂量。常规疏干井可不采用活塞洗井,当疏干目的层存在厚度超过 6 m 的粉性土、砂层时,应按减压井的规定执行;对单位涌水量小于同类井平均单位涌水量的 30% 的管井,应做好补救措施和应急措施。

8.5 降水运行

8.5.1 备用井启动反应最长时间应通过验证试验确定,宜按单井停抽后观测井水位恢复 10% 的时间确定。

9 安全和应急处置

9.1 一般规定

9.1.1 本节主要阐述降水工程本身的安全与应急,综合性的事故与抢险不在本标准中。降水工程应根据降水深度与规模,结合工程地质与水文地质、基坑支护形式和基坑周边环境、基坑开挖流程等条件,分析降水施工或运行过程中可能存在的各种工程险情及应对措施。为加强对施工生产安全事故的防范,指导应急反应行动按计划有序开展,保证各种应急资源处于良好备战状态,及时做好安全事故发生后的救援处置工作,防止因应急反应行动组织不力或现场救援工作的无序和混乱而延误应急救援,最大限度地减少事故损失,有效地避免或降低人员伤亡,实现应急行动的快速、有序、高效,应在降水工程专项施工方案中制定专项应急预案及现场处置方案。

专项应急预案是针对具体的事故类别、危险源和应急保障而制定的计划或方案,主要明确救援的程序和具体的应急救援措施。

现场处置方案是针对具体的装置、场所或设施、岗位所制定的应急处置措施。

9.1.2 降水工程最根本安全是达到其功能要求,避免水位控制不合理引起基坑安全事故和环境安全事故;降水工程应强化数据的管理及应用,提高通过数据预判风险的能力,提高工程安全管理能力。

9.4 风险控制

9.4.2 本条强调应急演练的重要性,减压工程应急演练应重点包括水位异常预警演练、断电应急演练、换泵应急演练、备用井自启动应急演练等保障按需降水措施的演练。

9.4.4 地下水控制中降水井运营管理风险巨大,尤其是涉及承压水或高含水量含水层抽水,如管理不当,往往会造成灾难性后果。现阶段降水运营管理还处于人为的、事后的、被动的状态,如何使降水井运营管理处于"可控"状态,做到事前控制,是降水工程亟待解决的课题。通过自动化监测、预警和控制技术将信息获取和响应时间控制在秒级范围内,可大大降低地下水控制风险。

9.5 应急处置

9.5.1 减压井损坏不能正常抽水时,应先确保水位控制满足承压水抗突涌要求,同时如管井井壁冒水时应尽可能将其水位控制在井壁冒点以下:

1 设置备用减压井自启动功能;如井壁冒水严重且带砂,但井内仍具备抽清水能力,应快速恢复抽水。

2 备用减压井开启不能满足要求,且减压井尚有多余抽水能力时,可通过出水调节阀或调换大流量出水泵增大其他减压井的抽水量,或在观测井内临时放置大流量抽水泵进行抽水。

3 损坏评估应快速启动,井壁存在重大管涌风险的,应启动封堵方案。

9.5.2 基坑开挖面以上减压井出现渗漏原因可能是井管质量问题、施工焊接问题或过程中井管的破坏,漏点相对明确,通过临时超降,管井修复相对易处理。部分渗漏点可直接采用安装防水套管进行渗漏处理。

1 及时外排渗漏水,避免渗漏水影响基坑开挖和支撑等作业。

2 首选在渗漏井井内抽水,确保其动水位降至漏点以下,如无法实施或水位降深不足时,再启动紧邻周边的同类管井。

9.5.3 本条所指开挖面以下减压井出现的渗漏,其渗漏原因不包括降水不到位引起的事故:

1 出现渗漏,首先应尽量降低水压力,减小渗漏量,同时分析渗漏原因,管壁渗漏主要原因包括回填不密实和管井缺陷(焊接或沙眼)。

2 暂且可不封堵的成井质量差、运行过程中损坏、井位与结构冲突等的井,必须做好后期停抽和封堵方案。

3 当渗漏较大,基坑施工无法继续进行或渗漏水带泥砂涌出时,可采取以下方法进行处理:

　　1)可增大渗漏的减压井抽水量或在渗漏的减压井内放置更大流量的抽水泵进行抽水,使减压井不再渗漏,在减压井外打设压浆管至滤水管上部,边拔边压双液浆至基坑底,使减压井不再渗漏,该方法实施时,可预留压浆管,当压双液浆无效时,可采用聚氨酯。

　　2)以上方法无效时,应启动备用减压井进行抽水,渗漏的减压井进行废弃处理,可封堵减压井。

9.5.5 基坑坑内降水时,当坑外观测井(孔)实测水位明显下降异常或超过警戒值时,可能是围护发生渗漏;坑内外较大的水位差容易造成围护渗水处砂土流失,造成沉降,应加强坑外的沉降监测,及早发现异常情况;针对已发现的围护渗水点应及时采取封堵措施,必要时可在坑外渗水点一定距离处施工降水井降低坑外水位。

附录 B 降水涌水量计算

B.0.2 本条未考虑基坑外侧地下水和降雨补给。

B.0.8 本条未考虑竖向截水帷幕的水平渗漏及降雨补给。

ISBN 978-7-5765-1111-6

9 787576 511116 >

定价：55.00 元

上海市工程建设规范

DG/TJ 08-606-2023
J 10334-2023

住宅区和住宅建筑通信配套工程技术标准

Technical standard for communication accessory project of residential districts & buildings

2023-01-17 发布　　　　　　　2023-06-01 实施

上海市住房和城乡建设管理委员会　发布